學會

PhotoImpact X3　Flash CS6　Dreamweaver CS6

洪 錦 永 著

碁峯資訊股份有限公司 印行

學會 PhotoImpact X3　Flash CS6　Dreamweaver CS6

序

迎接資訊化時代的來臨，對於資訊的掌握顯得十分的重要。人們透過網際網路的媒介，隨時汲取新的訊息與知識。對於遨遊於網際網路世界的您，可曾想為這個網路世界貢獻自己的一份力量，把個人的學習成果與經驗和大家分享。如果要實現這個夢想，您可以透過個人專屬的網站平台，與網友分享您的成長與喜悅。

本書包含三部分，第一章～第四章為 PhotoImpact X3（影像處理），第五章～第七章為 Flash CS6（動畫製作），第八章～第十章為 Dreamweaver CS6（網頁製作）。

課程以 PhotoImpact X3（影像處理）、Flash CS6（網頁動畫製作）與 Dreamweaver CS6（網頁編排設計）等三套軟體為核心，實作範例為導向，搭配精彩的範例製作圖片及簡潔的步驟說明，引導您學習如何利用 PhotoImpact X3 進行影像編輯、合成與網頁元件製作；體驗逐影格動畫、運動補間動畫、導引線動畫與遮色片動畫的基本 Flash 動畫製作原理，進而能發揮創意，設計互動式 Flash 影片。進而結合 Dreamweaver 軟體建構出專業級多媒體網站，以呈現個人學習、專題研究等成果，並分享生活、旅遊等點點滴滴。

目　錄

PhotoImpact X3 初體驗

* 認識數位影像基本知識
* PhotoImpact X3 視窗基本操作
* 調整影像大小
* 使用掃描影像修護精靈

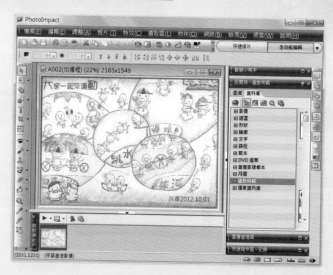

1-1 認識數位影像

　　在進入PhotoImpact X3 影像編輯世界之前，先來認識「數位影像」相關的一些核心觀念，包括數位影像取得的途徑、圖形的種類、影像色彩的類型、影像格式與用途等內容，以利於後續的影像編輯工作。

數位影像的取得

　　電腦取得數位影像的方式，可分為兩個途徑，一是使用電腦繪圖軟體直接繪製圖片；二是藉由掃描器、數位相機、記憶卡等周邊設備匯入影像，然後利用電腦進行影像或相片的編修、合成或是特殊效果的製作。

由掃描器輸入影像

由數位相機輸入影像

數位影像的色彩

在記錄數位影像時，除了記錄檔案的大小與位置之外，色彩也是不可忽略的項目。現在就來熟悉影像的色彩模式與類型等基本知識。

● 色彩模式

數位影像的色彩模式是表現顏色的一種數學演算法則，不同的色彩模式會決定影像的色彩視覺效果及列印色彩模式。常見的色彩模式有 RGB、HSB、CMYK、灰階與黑白等。分別說明如下：

RGB色彩模式

R代表紅色（Red）、G代表綠色（Green）、B代表藍色（Blue）。每一種顏色的強度以0~255的數值來表示。例如，R＝0、G＝0、B＝0時，呈現「黑色」；R＝255、G＝255、B＝255時，呈現「白色」。

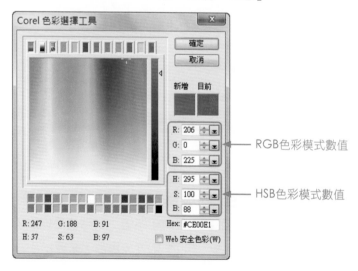

RGB色彩模式數值

HSB色彩模式數值

HSB色彩模式

H代表色相（Hue）、S代表飽和度（Saturation）、B代表亮度（Brightness）。「色相」是依據不同波長在光譜上的位置所代表的名稱，

簡單來說就是色彩的通用名稱，例如，紅、藍或綠色。「飽和度」是指顏色的強度，100%為完全飽和。「亮度」則是顏色的明暗程度，通常定義0%為黑色，100%為白色。

CMYK色彩模式

CMYK為通用的印刷模式，C代表青色（Cyan）、M代表洋紅色（Magenta）、Y代表黃色（Yellow）、K代表黑色（Black），由此四種色板依不同比例合成影像色彩。通常以印刷的方式輸出影像時，才會將影像檔案儲存為此種格式。

C色板

M色板

Y色板

K色板

四種色板合成後的影像

灰階色彩模式

灰階模式的影像是以256灰色色階來呈現色彩。灰階影像每個像素所具有的亮度值從 0 (黑色) 到 255 (白色) 不等；灰階值是以黑色油墨涵蓋區域的百分比數值（0% 等於白色，100% 則等於黑色）來表示。

黑白色彩模式

以黑與白兩種色彩來呈現影像，導致色彩缺乏連續性效果，因而會產生許多網點。

● 影像色彩類型

數位影像的色彩有黑白、灰階、16色、256色與全彩等五種類型。你應該依個人用途選擇合適的影像色彩類型，以節省檔案的儲存空間及增加影像在網路上的傳輸速率。現在就這五種類型的影像，分別說明如下：

色彩類型	圖形特徵	範 例 圖
黑白影像	1.顏色只有黑、白兩色。 2.檔案的儲存空間較小。	
灰階影像	1.以256種由黑到白不同程度的灰色來呈現影像色彩。 2.檔案的儲存空間較小。	
16色影像	1.以16種顏色來呈現影像色彩。 2.無法呈現所有影像色彩。	
256色影像	1.以256種顏色來呈現影像色彩。 2.一般適用於美工插畫及網頁影像。	
全彩影像	1.最多可用1677萬種顏色來呈現影像色彩。 2.適用風景、人物等數位影像。	

數位影像的檔案類型

　　數位影像可以分為多種類型，依照個人用途選擇合適的影像類型，才能獲得最佳的影像視覺效果。

● 認識點陣圖與向量圖

　　依圖形的種類來區分，通常可以分為「點陣圖形」和「向量圖形」。點陣圖形是由「像素」所組成的，像素就是點陣圖的基本單位，也就是一個點。所以點陣圖就像是磁磚拼圖一樣，由一塊塊不同色彩的像素組成的。用相機拍攝的風景或人物相片，以及使用掃描器掃瞄的圖片都屬於點陣圖。

　　向量圖是由數學運算式計算出來的圖形。以直線為例，它只記錄起始與結束兩點座標。顯示時，即以兩點座標描繪出直線圖形來。用 Adobe Illustrator、CorelDraw、Inkscape等向量繪圖軟體繪製的圖形才是向量圖。這兩種圖形最大的差異是點陣圖放大到一定比例時，會失真且邊緣會產生鋸齒狀。

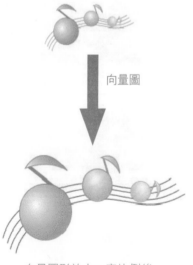

向量圖

向量圖形放大一定比例後
邊緣仍然維持平滑

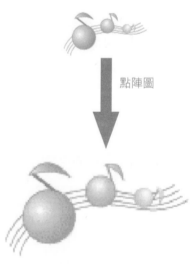

點陣圖

點陣圖形放大一定比例後
邊緣呈現鋸齒狀且失真

● 數位影像的檔案格式與用途

應用數位影像於不同領域時，通常需要使用不同的檔案格式，以符合實際的需求。你可以利用 PhotoImpact X3、GIMP等影像處理軟體來轉換影像的檔案格式。常用的影像檔案格式有下列幾種：

檔案格式	檔案特性	用　途
BMP （Windows點陣圖）	1.影像沒壓縮、檔案大。 2.影像支援「全彩」，顏色越多越逼真。	一般美工插畫
JPG （檔案交換格式）	1.影像有壓縮、檔案小。壓縮比在75%以上時，能維持高品質影像效果。 2.影像為「全彩」格式。	風景及人物等相片
GIF （圖形交換格式）	1.影像有壓縮、檔案小。 2.影像為256色、支援透明背景及動畫效果。	網頁插畫
PNG （可攜式網路圖形）	1.影像有高壓縮、檔案小。 2.影像為全彩、支援透明背景效果，但不支援動畫效果。	網頁插畫
WMF （Windows中繼檔）	1.屬於向量圖形、檔案小。 2.圖形色彩格式為全彩。	文件插畫 （例如MS Office中的美工圖案）
UFO （友立物件檔）	儲存影像檔案時，可同時儲存物件與選取區，不會合併成整個影像。	PhotoImpact專用的檔案格式
TIF （Tagged影像檔）	1.影像無壓縮、檔案大。 2.影像色彩格式為全彩。	排版、印刷

1-2 認識 PhotoImpact X3

PhotoImpact X3是一套全功能的影像繪圖軟體，內建月曆、卡片、多圖拼貼等各種類型的範本，以及數十種類型的影像與文字特效，讓你輕易套用，來創作個人化的影像作品。在這一節中，就先來熟悉它的視窗介面環境。

啟動 PhotoImpact X3 軟體

現在就開啟PhotoImpact X3這套軟體，來熟悉它的操作環境。你可以採用下列方法來啟動這套軟體：

Step 1 快按二下桌面上【PhotoImpact X3】圖示啟動軟體。

>> 小提示

你也可以點選【開始→所有程式→Ulead PhotoImpact X3 →PhotoImpact X3】啟動軟體。

Step 2 點選【全功能編輯】選單，進入軟體操作模式，然後按下【否】。

按下可關閉
軟體視窗

>> 小技巧

1. 在「歡迎畫面」視窗中，取消勾選【啟動時顯示】的選項。下次啟
動軟體時，就不會再顯示這個畫面。

2. 在編輯的工作模式中，只要點選功能表上的【視窗→歡迎畫面】指
令，就可以開啟歡迎畫面視窗。

認識全功能編輯模式視窗

「全功能編輯」模式視窗，是PhotoImpact X3最常用的工作視窗，現在就先來認識它的操作介面。

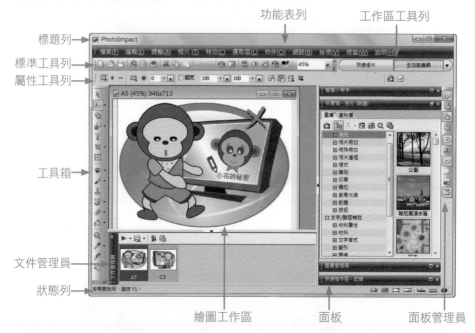

◆標題列	顯示軟體名稱及正在編輯的影像。
◆功能表列	包含所有PhotoImpact X3的功能指令。
◆標準工具列	顯示常用的指令按鈕，讓你快速執行工作指令。
◆屬性工具列	顯示工具箱內工具按鈕的功能選項。
◆工具箱	包含各種繪圖及影像編修的工具按鈕。
◆文件管理員	顯示已開啟的文件清單，點選縮圖即可快速切換。
◆狀態列	顯示編輯的工作資訊與滑鼠的位置。
◆工作區工具列	提供快速切換不同的工作環境。
◆面板管理員	關閉或開啟工作面板。
◆繪圖工作區	繪製圖形或編輯影像的工作區。

切換操作環境模式

　　PhotoImpact X3提供全功能編輯、DVD選單製作、快速修片及網頁設計等四種工作模式，只需點選工作區工具列上的 [快速修片 ┃ 全功能編輯 ▼] 按鈕或按下 ▼ 鈕指定切換的工作模式，即可依個人需求快速切換，自己練習一下囉！

全功能編輯模式

DVD選單模式

快速修片模式

網頁設定模式

≫ 小技巧

1. 不同的工作模式，有不同的工具按鈕及功能表。若找不到需要的按鈕，可以切換回「全功能編輯」模式喔！

2. 切換工作模式時，跳出「確認訊息」視窗，直接按下【否】，不需儲存工作區。

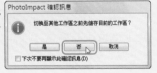

1-3　調整影像的尺寸

　　資訊科技不斷的創新，數位相機與掃描器的解析度也越來越高。高解析度的影像畫面固然精緻，相對地影像的檔案也就比較大。影像的檔案太大，除了會佔用較多的儲存設備空間，也會降低電腦的執行效率與增加影像檔案在網路上傳輸的時間。因此選擇合適的影像尺寸是一件重要的工作。

認識影像的尺寸與用途

　　影像的解析度（ppi）是指每英吋當中的像素點數，解析度越高，影像的品質就越好，相對的檔案就愈大。現在就來瞭解一張解析度為300的4×6相片，它的尺寸究竟有多大像素？其計算方式如下：

　　（300×4）×（300×6）＝1200×1800＝2160000（像素）

　　因此，200萬像素相機拍攝的影像，是可以沖印成4×6的相片。

　　瞭解影像尺寸的計算方式後，在掃瞄或是拍攝數位影像時，應該依據用途決定影像輸出的尺寸，下表可作為拍攝或掃瞄影像時的參考：

總像素	影像尺寸（像素）	影像用途
30萬	640×480	一般文件、簡報或網頁插圖
80萬	1024×768	電腦桌布或沖印3"×5"相片
200萬	1600×1200	沖印4"×6"相片
310萬	2048×1536	沖印5"×7"相片（A4半頁）
500萬	2560×1920	沖印8"×10"相片

>> 小提示

200萬像素的影像可以沖印成4"×6"的相片，如果將它沖印成A4尺寸的相片，影像就會模糊不清。

變更影像的大小

現在要將3264×1840像素的影像（約600萬像素），調整大小為1362×768（約80萬像素）的尺寸，作為電腦桌面的圖片。

● 開啟舊檔案

Step 1 啟動 PhotoImpact X3 軟體，接著點選【全功能編輯】，然後勾選【下次不要再顯示此確認訊息】，再按下【否】。

Step 2 按下 【開啟】。

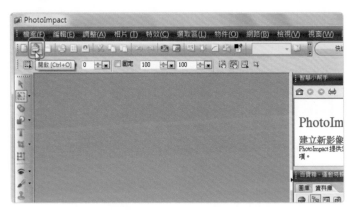

Step 3 點選【素材\ch01】資料夾，再點選【A001】圖片，然後按下【開啟舊檔】。

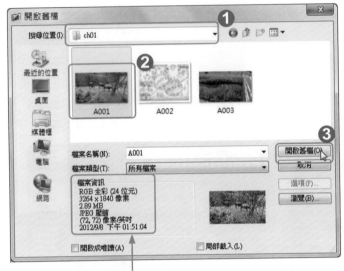

顯示影像檔案的相關資訊

>> 小技巧

1. 在「開啟舊檔」視窗中，如果無法顯示圖片縮圖，可按下 ⊞▼ 【檢視功能表】按鈕，再點選【大圖示】或【中圖示】等選項。

2. 在「開啟舊檔」視窗中，會顯示影像的色彩類型、尺寸、檔案的大小與類型等資訊。

● 調整工作視窗

Step 1 點選 ▌鈕隱藏工作面板，再按下 ━━ 鈕隱藏文件管理員面板，增加工作視窗的操作空間。

Step 2 點選 ▭ 【最大化】鈕，放大視窗檢視比例。

目前影像的顯示比例
與實際尺寸

按下可展開隱藏的面板

● 調整影像大小

Step 1 點選【調整→調整大小】。

按下可還原
視窗大小

Step 2 勾選【維持寬高比】，接著點選【像素】並輸入寬度為【1362】，
然後按下【確定】。

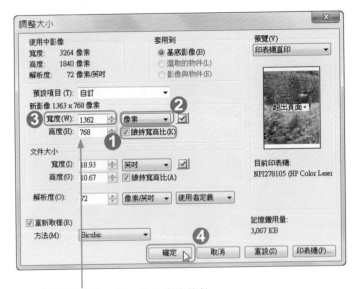

勾選「維持寬高比」時，輸入寬度的數
值後，高度的數值會自動產生。

● 另存新檔

　　調整影像的大小或是編輯影像，都是屬於「破壞性」影像處理觀念，儲存檔案後就無法恢復原來的樣式。為了能保留原始相機拍攝的檔案，以利日後再使用，我們將以「另存新檔」方式，儲存編輯後的影像。

Step 1 點選【檔案→另存新檔】指令。

調整後的
影像尺寸

Step 2 指定儲存的資料夾位置，接著輸入新的檔案名稱，然後按下【存檔】。

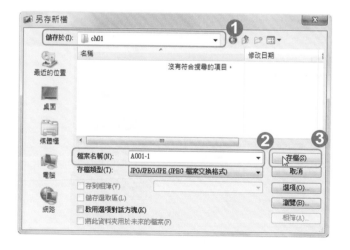

Step 3 點選【檔案→結束】指令，關閉 PhotoImpact X3 軟體視窗。

>> 小技巧

1.另存新影像時，可以使用「舊檔名-1」、「舊檔名-2」、…等方式
來命名，以建立新、舊檔案的關連性。

2.調整影像大小時，勾選【維持寬高比】的選項，可以避免調整後的
影像變形。

3.調整影像的大小時，可選用以【百分比】為單位。

即時顯示新
影像的尺寸

1-4 使用影像修護精靈

　　PhotoImpact X3 的掃描影像修護精靈，具有調正、剪裁、焦距、亮度、色彩平衡、移除紅眼及相片邊框等功能，只要以幾個簡單的步驟，就能輕鬆來調整及編修掃描的影像或數位相片。現在就開啟「素材\ch01\A002.jpg」作品掃描圖片來練習囉！

開啟影像檔案

Step 1 啟動 PhotoImpact X3 軟體，接著點選【全功能編輯】，然後勾選【下次不要再顯示此確認訊息】，再按下【否】。

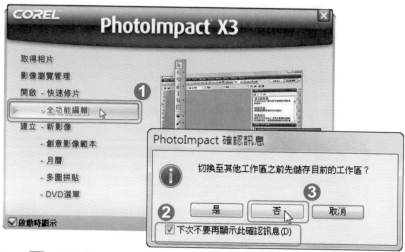

Step 2 按下 【開啟】。

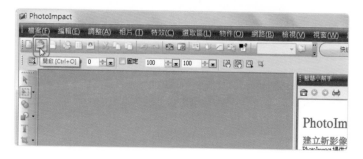

Step 3 點選【素材\ch01】資料夾，再點選【A002】圖片，然後按下【開啟舊檔】。

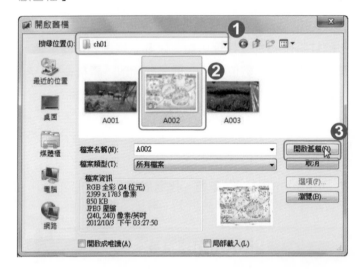

啟動掃描影像修護精靈

Step 1 隱藏工作面板並調整視窗大小，然後按下 【掃描影像修護】鈕。

Step 2 按下【下一步】。

調正影像

Step 1 按下【調正】。

>> 小提示

因文件或相片擺置不正，導致掃描的影像產生傾斜，這時候可以使用
【調正】的功能來修護喔！

Step 2 將水平控制線的左邊控制點拖曳至圖片左上角的位置，再拖曳水平控制線的右邊控制點至圖片右上角的位置，然後按下【預覽】。

可以直接指定調正的角度

>> 小技巧

1. 若要重新設定水平控制線，可按下【重設】鈕。

2. 檢視調整後的縮圖後，若覺得滿意時，可直接按下【確定】，完成調正的動作。

Step 3 滿意調整後的圖片，就按下【確定】。或是按下【繼續】返回步驟
2，重新「調正」的設定。

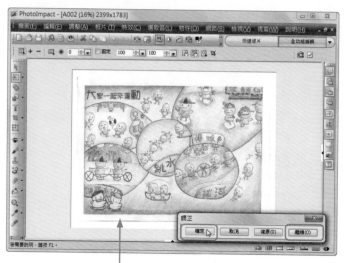

調正後的樣式

影像剪裁

Step 1 按下【剪裁】。

Step 2 在影像上方拖曳出一個矩形的選取區。（也就是要保留的部分。）

Step 3 拖曳黑色控點調整選取的範圍，接著按下 ✄ 【剪下】鈕刪除選取區以外的部分，然後按下【確定】，完成「剪裁」影像的動作。

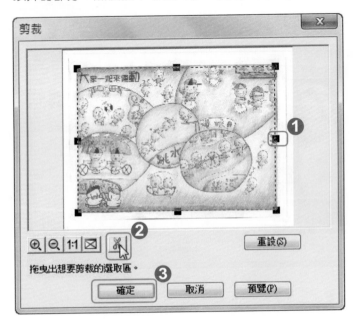

調整影像焦距

Step 1 按下【焦距】鈕。

Step 2 按下【選項】，接著拖曳滑桿調整設定值或是勾選【自動調整】，
然後按下【確定】。

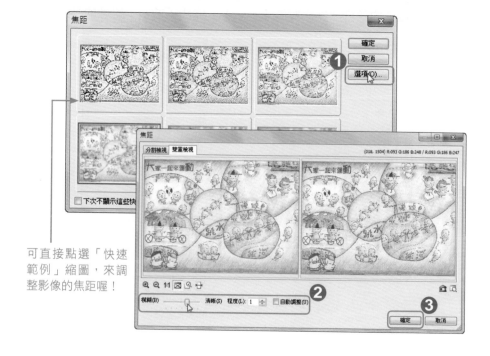

可直接點選「快速
範例」縮圖，來調
整影像的焦距喔！

調整影像亮度

Step 1 按下【亮度】。

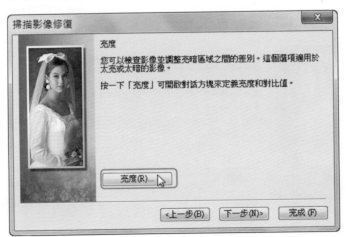

Step 2 點選一種縮圖樣式，以便將效果套用至影像上，然後按下【確定】。

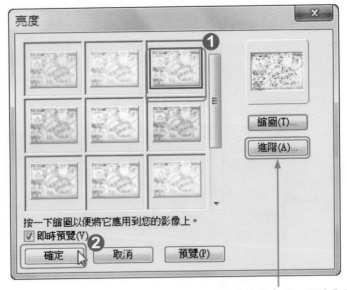

按下【進階】鈕，可進入手動調整「亮度與對比」的工作視窗喔！

調整色彩平衡

Step 1 按下【色彩平衡】。

Step 2 點選一種縮圖來修正影像的色彩,然後按下【確定】。

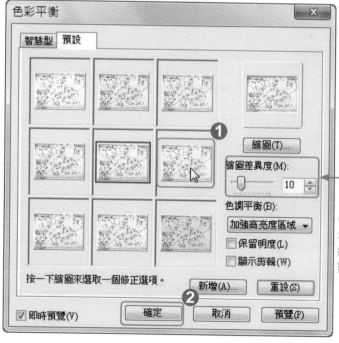

每按一下會增加或減少縮圖的調整數值

Step 3 此影像是屬於掃描的美勞繪圖作品，不需要執行「移除紅眼」的動作，按下【下一步】略過此步驟。

套用相片邊框及文字

Step 1 按下【相片邊框】，為影像加上邊框及文字。

Step 2 勾選【邊框】，再選取一種邊框類型樣式，接著點選一種邊框縮圖樣式。（邊框樣式可自訂。）

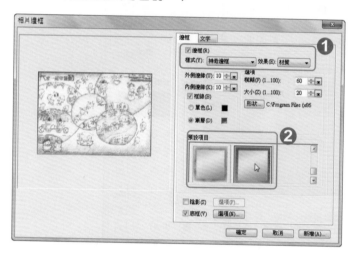

Step 3 按下【文字】標籤頁，再勾選【文字】，接著輸入相框文字，並指定文字樣式，然後按下 ■ 鈕設定色彩。

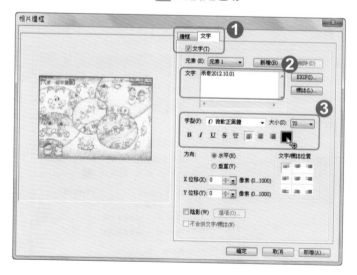

Step 4 點選一種色彩，然後按下【確定】。

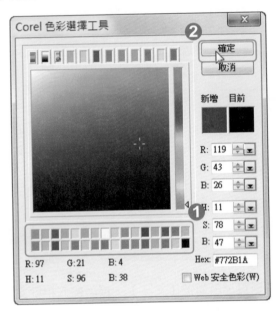

Step 5 點選文字的位置為【右下角】，再調整文字位移的數值，以指定文字在影像的位置，然後按下【確定】。

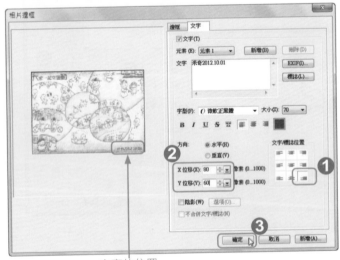

文字的位置

Step 6 按下【完成】，即可完成影像修護的工作。

另存新檔

Step 1 點選【檔案→另存新檔】指令。

Step 2 指定儲存的資料夾位置，並輸入新的檔案名稱，接著按下【存檔】，然後關閉檔案完成這一節的操作。

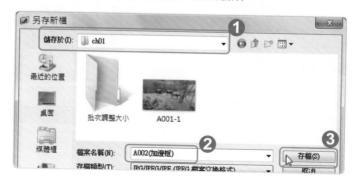

課後練習

1. 開啟【素材\ch01\A003.jpg】影像檔案，並調整大小為原來的
   【40%】，然後另存新檔為【A003-1.jpg】。

2. 開啟【素材\ch01\A004.jpg】影像檔案，利用「掃瞄影像修護」精靈編
   輯照片並加上邊框，然後另存新檔。（檔名及邊框樣式自訂。）

修改後

Chapter 2

影像編修與合成

❋ 使用快速修片

❋ 縫合掃瞄的影像

❋ 合成全景照片

❋ 標準選取工具的使用

2-1 快速修片真容易

使用數位相機拍攝相片時，可能受到光線、拍攝的角度與技巧等因素的影響，使得拍攝的相片品質，不能滿足實際的需求。這時候可以使用 PhotoImpact 的「快速修片」功能，輕鬆調整及編修影像的內容。

影像自動處理

Step 1 開啟【素材\ch02\2-1.jpg】影像檔案，接著按下【快速修片】鈕，然後點選【否】，切換至「快速修片」工作模式。

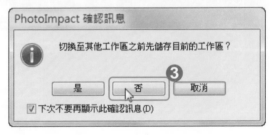

Step 2 按下【智慧型曲線】，接著再按下【白平衡】，執行自動處理的動作。

Step 3 按下【減少雜點】的工作項目，以設定明亮度與色彩的雜訊程度。

復原按鈕

單鍵預設項目處理

PhotoImpact的「快速修片」單鍵預設項目有整體曝光、色彩彩度、焦距、美化皮膚和改善光線等項目，只要點選預設的項目，就能輕鬆套用。以下分別說明這五個單鍵預設項目的功能及意義。

◆整體曝光：調整整張影像的亮度與對比。

◆色彩彩度：調整色彩的色相。

◆焦　　距：調整焦距，可以呈現較柔和或較清晰的相片。

◆皮膚美化：透過移除瑕疵、柔化色調與變更色彩來潤飾皮膚區域。

◆改善光線：可修正光線和閃光燈的錯誤，有效地修復相片。

Step 1 按下【整體曝光】項目，再點選一種預設項目縮圖，以套用影像的曝光設定值。

Step 2 或是按下【自訂】，直接拖曳滑桿調整【對比】與【亮度】的設定值，然後按下【返回】。

>> 小提示

若不滿意調整後的效果，可以按下【清除】鈕，移除單鍵預設的設定值。

Step 3 按下【美化皮膚】項目，接著點選【套用下列設定】的選項。

Step 4 按下 🔍【拉近】鈕放大檢視比列，然後拖曳圖片調整檢視的部位。

Step 5 點選臉部，以選取皮膚色彩，接著選取一種膚色樣式並調整設定值。

剪裁影像

Step 1 按下 ⊠【調成視窗大小】鈕，然後再按下 ✄【三等分定律剪裁】鈕。

Step 2 拖曳出一個剪裁範圍（也就是要保留的部分），接著拖曳控點調整選取範圍，然後按下【套用】。

可選用或不選用「使用寬高比」

Step 3 按下□【儲存】鈕或是點選【檔案→另存新檔】指令，儲存修片後的影像。

2-2 縫合掃瞄的影像

使用掃描器掃瞄大尺寸的圖片時，常侷限硬體設備的尺寸，無法一次完成整張圖片的掃瞄，而必須分次掃瞄圖片。PhotoImpact 提供「縫合掃瞄影像」的功能，讓你輕鬆縫合幾張掃瞄的影像，建立一張新的影像，以完成掃瞄大尺寸影像的工作。

剪裁掃瞄的影像

Step 1 按下 🖼 【開啟】鈕，接著點選【素材\ch02】資料夾，再按住 Ctrl 鍵並點選【2-2a】和【2-2b】，然後按下【開啟舊檔】。

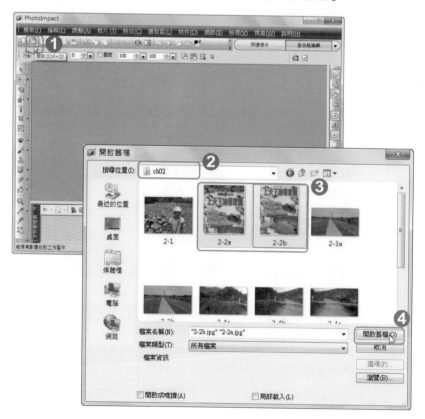

Step 2 先點選【2-2a】圖片,再點選 【標準選取工具】鈕,然後拖曳出一個矩形範圍。(選取範圍時,邊緣留下一點空隙喔!)

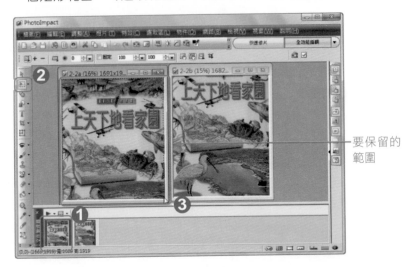

要保留的
範圍

Step 3 點選【編輯→剪裁】指令。

選取狀態

>> 小技巧

1.「剪裁」影像的目的,是要刪除掃瞄影像邊緣不良的部分,讓兩張影像縫合處有更好的縫合效果。

2.若要重新選取範圍,請先按下 Spacebar 鈕取消選取範圍,再拖曳一矩形範圍,以選取影像範圍。

Step 4 再點選【2-2b】圖片,接著拖曳出一個矩形範圍,然後點選【編輯 →剪裁】指令。

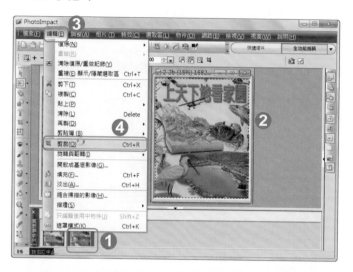

≫ 小提示

縫合掃瞄的影像時,如果不剪裁邊緣不良的部分,縫合處可能會產生 如下圖中不良的效果。若縫合的影像是由「數位相機」直接拍攝的, 則可以省略這一步驟。

縫合處出現瑕疵

縫合影像

Step 1 點選【2-2a】圖片（第一張圖片），接著點選【編輯→縫合掃瞄的影像】指令。

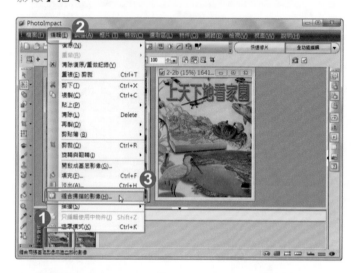

Step 2 指定重疊透明度為【60%】，然後按住 Shift 鍵不放，再點選第一張影像上指定的縫合點。

可放大/縮小檢視以利操作

Step 3 按住 Shift 鍵不放，再點選第二張影像上與第一張影像對應的縫合點，然後按下【確定】。

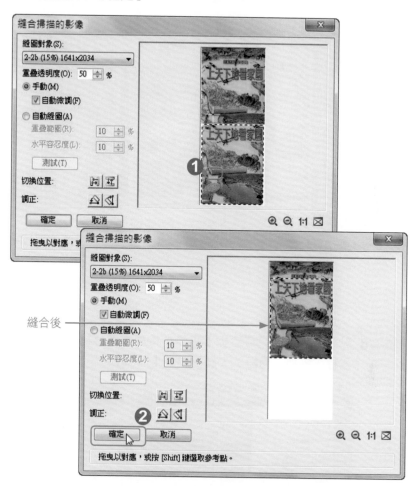

縫合後

>> 小提示

指定對應的縫合點時，也可以直接以拖曳影像的方式來對應。操作時可善用放大/縮小影像檢視比例，以精確對應縫合點。

Step 4 點選  【標準選取工具】鈕，再拖曳一個矩形範圍，然後點選【編輯→剪裁】指令，剪裁縫合後的影像。

>> 小提示

兩張影像尺寸大小不一，影像縫合後，記得還要再剪裁，以獲得較佳的縫合效果喔！

Step 5 點選【檔案→另存新檔】指令，接著指定存檔類型為【JPG】並輸入檔案名稱（自訂），然後按下【存檔】。

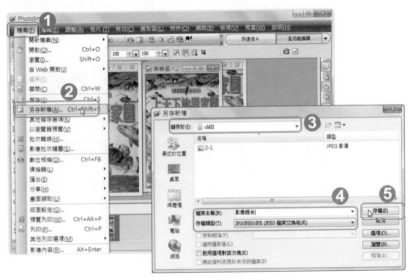

2-3　快速影像合成

　　PhotoImpact X3提供全景合成與智慧型合成等影像合成的功能,讓你輕鬆且快速合併影像效果。分別說明如下:

合成全景照片

　　一般數位相機很難拍攝出廣角的全景圖,如果你不想花大錢去購買高級的廣角相機,PhotoImpact X3提供「全景合成」的功能。你只需分段拍攝風景,然後利用「全景合成」的功能將影像縫合起來,便可以製作廣角相片。

將四張影像合成一張全景影像

>> 小技巧

1. 在分段拍攝全景照片時,每張照片和前一張照片一定要留有重疊的區域,以便後期接合照片時保證場景的連續性。

2. 對全景照片而言,最重要的一點是拍攝方向。你必須避免在拍攝過程中相機有任何垂直移動或傾斜,做好使用穩固的三腳架,盡量不要手持拍攝。

全景合成

Step 1 按下 【開啟】鈕，接著點選【素材\ch02】資料夾，再按住 Ctrl
鍵並點選【2-3a】、【2-3b】、【2-3c】和【2-3d】，然後按下
【開啟舊檔】。

Step 2 點選【相片→全景合成】指令。

Step 3 按下 **【以檔名遞增的方式排序縮圖】** 鈕排列縮圖,然後按下
【縫圖預覽】 鈕。

可用拖曳方式排序縮圖

Step 4 按下 **【確定】** ,完成全景合成影像的動作。

合成後的全景圖

◉ 剪裁合成後的影像

由於全景圖片是由各個分段拍攝的相片組成的，因拍攝角度的不同，難免會產生參差不齊的效果。所以影像合成後，還必須使用「剪裁工具」刪除不需要的部分。

Step 1 點選 【剪裁工具】鈕，再按一下取消使用 【三等分定律剪裁】鈕，然後拖曳選取要剪裁的區域。

已取消此按鈕

Step 2 拖曳控點修正選取範圍，然後按下 【剪裁影像】鈕，完成剪裁的動作。

Step 3 按下 🖫【儲存】鈕儲存全景合成後的影像。

剪裁後的影像

Step 4 指定儲存的資料夾位置，接著選取存檔類型為【JPG】並輸入檔案
名稱（自訂），然後按下【存檔】。

智慧型合成影像

拍攝旅遊景點時，遊客太多，讓你無法完整拍攝風景全貌。每個人應該都有這個困擾，幸好PhotoImpact X3可以幫你重新組合照片，移除不必要的人物。

Step 1 按下 🖼 【開啟】鈕，接著點選【素材\ch02】資料夾，再按住 Ctrl 鍵並點選【2-4a】和【2-4b】，然後按下【開啟舊檔】。

Step 2 點選【相片→智慧型合成】指令，然後按下【確定】。

Step 3 點選第一張影像，然後按下 【設定關鍵影像】鈕。

Step 4 指定筆刷大小為【50】，接著按下 ✏【刪除】鈕，然後依序刪除人物的區域。

Step 5 點選第二張影像，然後繼續刪除人物的區域。

Step 6 按下 ![]【智慧型合成】鈕，預覽視窗立即顯示合成後的影像。滿意合成後的效果，再按下【確定】。

Step 7 按下 ![]【儲存】鈕儲存合成後的影像，檔名自訂喔！

>> 小技巧

使用【智慧型合成】功能合成的影像，其影像素材的尺才大小及取景範圍必須一致，才能獲得最佳的合成效果。

2-4　標準選取工具的使用

　　局部選取影像範圍是影像編輯最基本的技巧，你只要使用 PhotoImpact 的選取工具，來選取影像的部分範圍，就能進行影像的合成與修飾等編輯工作。現在請你開啟「素材\ch02\2-5.jpg」影像檔案，然後依下列步驟操作：

三等分定律剪裁影像

Step 1 按下 【剪裁工具】鈕，接著以拖曳方式選取剪裁範圍。（要保留的部分）。

Step 2 滑鼠移至剪裁區上游標呈 ✛ 狀時，拖曳滑鼠移動剪裁區的位置。

Step 3 拖曳控點調整剪裁區的大小，然後按下 ✔【剪裁影像】鈕。

Step 4 點選 ▶【挑選工具】鈕，再點選【調整→調整大小】指令，接著選取【像素】單位及勾選【維持寬高比】的選項並輸入寬度為【1024】像素，然後按下【確定】。

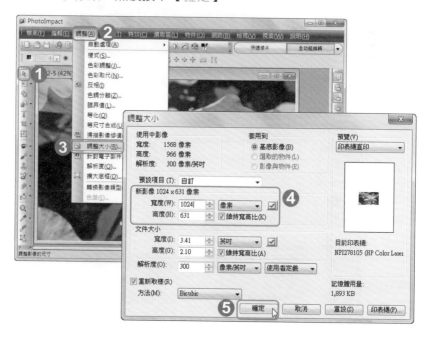

另存成 UFO 物件檔案

友立的 UFO 格式（*.ufo）可以保留物件性質，開啟 UFO 檔案後，仍然可以對物件個別地進行編輯與移動。若影像文件並沒有存成 UFO 格式，或它儲存的格式並不支援圖層，那麼所有物件都會合併至基底影像，這代表物件將成為基底影像的一部份，而無法個別地編輯。現在就將影像檔案儲存為【UFO】物件檔案，便於後續加入文字、小插畫等物件。

Step 1 點選【檔案→另存新檔】指令。

Step 2 指定儲存的資料夾位置，接著點選【UFO(友立物件檔)】並輸入檔案名稱，然後按下【儲存】。

使用標準選取工具

　　局部選取影像範圍是影像編輯最基本的技巧，你只要使用 PhotoImpact 的選取工具，來選取影像的部分範圍，就能進行影像的合成與修飾等編輯工作。

● 建立新選取區

Step 1 按下 [標準工具] 鈕，接著按下 [選取選取區的形狀]，再點選 [橢圓形]。

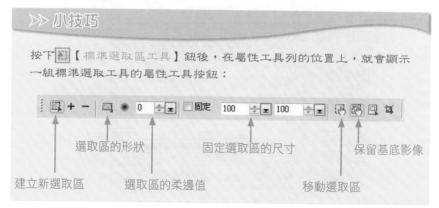

>> 小技巧

按下 [標準選取區工具] 鈕後，在屬性工具列的位置上，就會顯示一組標準選取工具的屬性工具按鈕：

建立新選取區　　選取區的形狀　　選取區的柔邊值　　固定選取區的尺寸　　移動選取區　　保留基底影像

Step 2 拖曳滑鼠繪製選取區,接著按下[移動圈選框]鈕,再拖曳選取區的外框調整位置。

● 增加 / 減少選取區

Step 1 按下[移動圈選框]鈕取消移動圈選框操作模式,再按下[+]鈕加入選取區的範圍,然後拖曳滑鼠繪製加入的選取區範圍。

Step 2 用相同方法繼續增加選取區的範圍。按下 ⊟ 鈕，進入刪減選取區繪製模式，拖曳滑鼠繪製可刪減的範圍。

Step 3 用相同的方法刪減或增加其他選取區，接著按下 🔳 鈕離開增刪選取繪製模式，然後點選【選取區→改選未選取部分】指令。

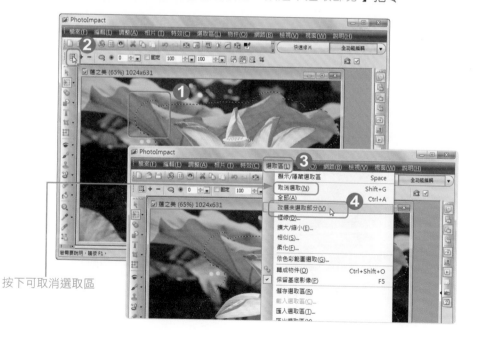

按下可取消選取區

◯ 填充選取區

Step 1 按下  【色彩填充工具】鈕旁的▼按鈕，再點選【材質填充工具】。

目前選取的
範圍

Step 2 點選【自然材質】，再按下材質縮圖展開清單，然後點選一種縮圖樣式。

Step 3 指定材質透明度為【70】，接著在選取區內拖曳出一個小矩形，即可填充材質色彩。

Step 4 點選【選取區→取消選取區】指令，然後按下 【儲存】鈕儲存檔案。

>> 小技巧

1. 使用選取區工具選取局部影像，然後將滑鼠移至選取區上方，當游標呈 ✛ 狀時，拖曳滑鼠可擷取選取區範圍內的影像。

2. 按下《空白鍵》也可以取消選取區喔！

3. 在使用選取區擷取局部影像時，可以按下 🖐 鈕選擇【保留基底】或是【不保留基底】，如下圖：

保留基底影像　　　　　　　　　　不保留基底影像

建立文字物件

文字在影像處理上扮演相當重要的角色，尤其是海報、卡片、廣告等設計上更是少不了文字。特殊的文字效果，更能襯托出作品的整體涵義。

● 輸入主題文字

Step 1 按下 🅣【文字工具】鈕，然後按下色彩方塊以開啟【色彩選擇工具】視窗。

Step 2 點選一種色彩（可自訂），然後按下【確定】。

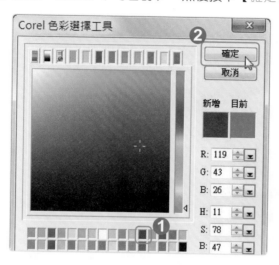

Step 3 指定字型、大小、框線及陰影等文字屬性（可自訂），接著按下滑鼠左鍵置入游標並輸入【蓮之美】等文字。

Step 4 按下 ▶ 【挑選工具】鈕，然後拖曳文字物件移動位置。

● 修改文字物件

Step 1 按下 T【文字工具】鈕，接著游標移至文字上方呈 ▷ 狀時，快按二下置入游標，然後新增【秋】等文字。

可用方向鍵移動
游標位置

Step 2 以拖曳方式選取文字,再選取帶有@符號的中文字型並調整文字的
大小,然後按下 ⊞【變形工具】鈕再點選 ⊡【向右轉90度】鈕。

Step 3 按下 ▶【挑選工具】鈕,再調整文字物件的位置,然後按下 💾【儲
存】鈕就完成這個範例囉!

≫ 小技巧

1. 儲存為【ufo】類型的檔案,以後還可以修改文字的內容;若是儲存為
【jpg】類型,文字將和影像合併,以後就不能再修改文字的內容囉!

2. 若要將這個範例應用到文件或簡報上,請另存新檔為【jpg】類型等通
用格式的影像檔案。

課後練習

1. 開啟【素材\ch02】資料夾內【2-6a.jpg】、【2-6b.jpg】、【2-6c.jpg】和【2-6d.jpg】的影像檔案,將這四張相片合成為一張全景圖。

2. 開啟【素材\ch02】資料夾內【2-7a.jpg】和【2-7b.jpg】書籍封面掃瞄影像檔案,然後將這二張圖片縫合為一張圖片。

Chapter 3

活動海報設計

學習重點

✽ 套索工具的使用

✽ 繪圖工具的使用

✽ 變形文字特效

✽ 百寶箱的應用

3-1 海報版面設計

　　在百寶箱中的填充圖庫內，包含有相片、漸層、自然材質、神奇材質、背景材質等各種類型的填充素材，可以將它填入選取區或是作為影像檔案的背景。現在就利用填充圖庫來建立運動會海報的背景色彩。

建立新影像

Step 1 開啟 PhotoImpact X3軟體，接著點選【建立-新影像】。然後點選【白色】底色與影像大小為【1024×768像素】，再按下【確定】。

影像類型為
【全彩】，不
要做變更喔！

Step 2 按下 🖫【儲存】鈕，接著指定儲存的資料夾位置，再輸入【運動會海報】等名稱並點選【UFO】存檔類型，然後按下【存檔】。

填充背景色彩

Step 1 點選百寶箱內的【影像增強→填充→材質混合】，然後在【TM12】縮圖上按下右鍵，再點選【修改內容再套用】。

Step 2 點選一種模式類型,再調整印章大小及密度等設定值(可自訂),
然後按下【確定】。

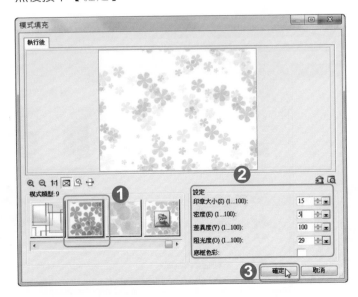

>> 小技巧

1.若是不修改圖庫樣式,可直接快按二下填入背景色彩。

2.其他類型的填充圖庫也可以【修改後再套用】,但是修改的項目不
太一樣,自己練習看看囉!下圖是「藝術家材質」的設定視窗。

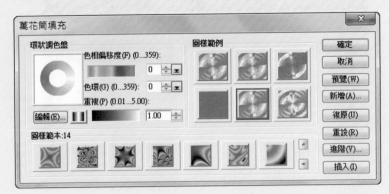

3-2　套索工具的使用

在擷取影像或物件的局部區域時，若要選取的區域邊緣和背景顏色有明顯的差異，這時候可以使用智慧型套索工具，它會協助你精確地自動貼齊並偵測邊緣線，以快速選取局部影像。現在就利用套索工具來合成影像囉！

插入百寶箱圖案物件

Step 1 點選百寶箱的【資料庫】標籤頁。

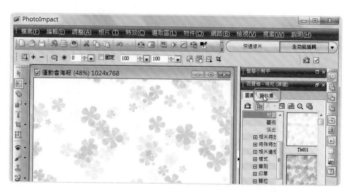

Step 2 點選【運動特輯】類別，然後拖曳【I03】圖案至繪圖區上。

使用套索工具

Step 1 點選🔍【放大鏡工具】鈕,再點選物件數次,以放大顯示比例。

顯示比例符合視窗大小

虛線表示物件被選取

直接拖曳滑桿可調整顯示比例

Step 2 按下▢【最大化】鈕展開圖層管理員面板,接著按下🔲▾【標準選取工具】鈕旁的▾鈕,再點選【套索工具】。

Step 3 點選 【在物件上選取】鈕，接著在人物邊緣按下滑鼠左鍵，建立起始點。然後放開滑鼠並沿著人物邊緣移動滑鼠，遇到轉折點時可再按下滑鼠左鍵，直到回到起始點游標下方呈 狀時，按下滑鼠左鍵完成套索範圍動作。

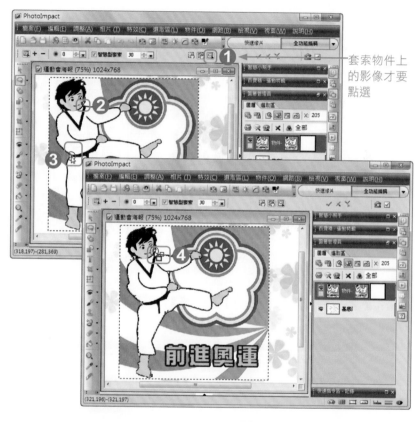

套索物件上的影像才要點選

Step 4 按下 【產生套索選取區】鈕。

複製 / 貼上物件

Step 1 拖曳套索選取區以產生新的物件（人物），接著點選【物件-1】並按下⊠【刪除選定的物件】鈕刪除物件，然後將「選取工具」改回⊡【標準選取工具】鈕。

刪除

Step 2 點選🔍【放大鏡工具】鈕，再點選⊠【顯示整張影像】鈕。

Step 3 按下【挑選工具】鈕，接著點選人物物件，然後點選功能表上的【物件→再製】指令。

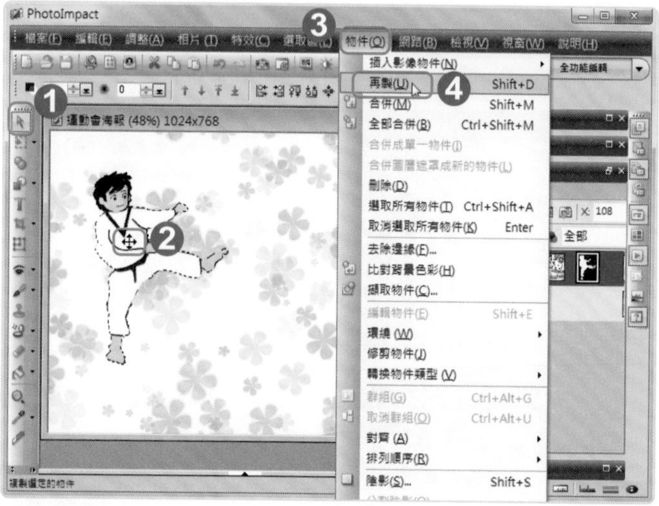

Step 4 拖曳再製的人物物件以移動位置，接著按下【變形工具】鈕，再點選【水平翻轉】鈕。

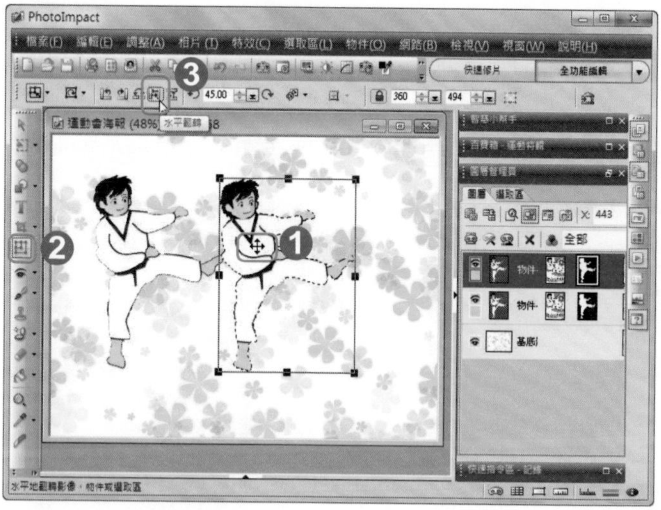

Step 5 拖曳控點調整物件大小，接著按下 🔄【旋轉】鈕，再將滑鼠移至控點附近游標呈狀 ↗ 時，拖曳滑鼠旋轉物件角度。

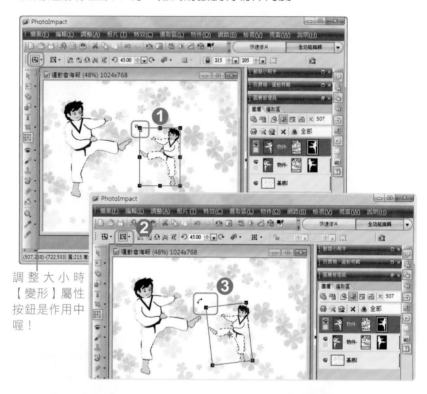

調整大小時
【變形】屬性
按鈕是作用中
喔！

Step 6 用相同方法調整另一個人物物件的大小、角度與位置。

3-3　繪圖工具的使用

　　PhotoImpact 的工具箱上包含筆刷、填充、橡皮擦等繪圖工具，讓你輕鬆繪製或修飾圖案。現在就先利用「插入外部影像檔案」的功能，將外部的美工插畫匯入到工作視窗中作為影像物件，然後利用繪圖工具來修飾圖片，以美化海報作品。

插入影像物件

Step 1 點選功能表上的【物件→插入影像物件→從檔案】指令，然後選取【素材\ch03\3-1.TIF】影像檔案，再按下【開啟舊檔】。

>> 小提示

jpg、bmp、tif等影像格式檔案，都可以插入至工作視窗中，作為影像物件喔！

Step 2 按下 凹【變形工具】鈕，再拖曳控點調整物件的大小。

使用橡皮擦工具

● 物件神奇橡皮擦工具

Step 1 按下 ◢•【物件繪圖橡皮擦工具】鈕旁的 • 鈕，再點選【物件神奇橡皮擦工具】。

Step 2 滑鼠移至影像物件的背景上方（白色部分），游標呈  狀時按下左鍵移除背景色彩。

右側標註：這是選取
狀態喔！

● 物件繪圖橡皮擦工具

Step 1 按下 【物件神奇橡皮擦工具】鈕旁的 鈕，再點選【物件繪圖橡皮擦工具】。

Step 2 指定橡皮擦的形狀及大小，然後拖曳滑鼠移除【汗滴】的部分。

已移除影像物件上的「汗滴」的部分

>> 小技巧

影像物件必須在「選取」狀態下，才能擦拭影像物件上的「汗滴」部分喔！

使用色彩填充工具

Step 1 按下 🔍【放大鏡工具】鈕，然後按下左鍵放大檢視比例。

Step 2 按下 ⬜【色彩填充工具】鈕，再按下 ⬛【色彩方塊】鈕，接著點選一種色彩（色相），再點選色彩飽和度，然後按下【確定】。

可以直接點選一種色彩方塊喔！

Step 3 按下左鍵填入色彩。

已填入色彩

>> 小技巧

1. 特別注意，影像物件必須在【選取】狀態，才能填入色彩喔！

2. 填入的色彩只會顯示在封閉的區域內。

使用筆刷工具

Step 1 以相同方法填入其他色彩。若有色彩溢出區塊時，按下 【復原】鈕。

表示這個區塊不是封閉的區域

Step 2 按下 🔍 【放大鏡工具】鈕，然後按下左鍵放大檢視比例並找出缺口的位置。

Step 3 按下 ✏ 【筆刷】工具鈕並指定筆刷的色彩（黑色）、形狀及筆刷大小為【1】，然後拖曳滑鼠修補缺口線條。

Step 4 按下 【色彩填充工具】鈕,再點選一種填充色彩,然後按下滑鼠左鍵填充色彩。

Step 5 用相同方法,將影像物件填入色彩,以美化版面。

3-4 變形文字特效

　　海報的標題文字，不一定是方方正正，有一點點變化，就能帶來不一樣的視覺效果喔！

建立變形文字

Step 1 按下 ⊤【文字工具】鈕，再點選字型及文字大小，接著在影像上方按下左鍵置入游標，然後輸入【全民運動風 快樂Fun輕鬆】等文字。

Step 2 按下「選取模式」下拉選單，再點選【水平變形】。

游標還在文字框內喔！

Step 3 點選節點，再拖曳控制桿的端點調整變形的樣式，然後再以相同的方法調整其他控制桿的端點位置。

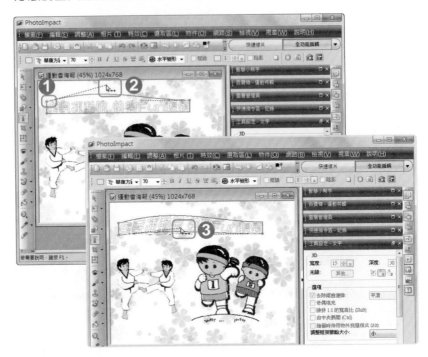

Step 4 調整完成後，按下「選取模式」下拉選單，再點選【2D物件】。

套用文字樣式與影像資料庫

Step 1 按下 ▧【挑選工具】鈕，再點選文字物件，然後快按二下【圖庫→
文字/路徑特效→文字樣式】內的縮圖，以套用文字效果。（可自
訂。）

Step 2 點選百寶箱的【資料庫】標籤，再拖曳【影像→圖示→I18】的圖示
至工作區並調整大小，接著按下 💾【儲存】鈕再關閉檔案。海報活
動訊息部分，就留做課後練習囉！

課後練習

1. 開啟「運動會海報」檔案，接著輸入「活動時間與地點」等文字，然後加入標題文字或美工圖片，來美化這個作品。

2. 開啟【素材\ch03\3-2.bmp】檔案，然後利用【套索工具】選取人物物件。

Chapter 4

PhotoImpact 在 Web 的應用

* 橫幅標題製作
* 按鈕與插畫的製作
* Web相簿製作
* 影像批次處理

4-1 橫幅標題製作

　　PhotoImpact 的元件設計師，內建多種美輪美奐的橫幅標題範本，只要以幾個簡單的步驟，就能快速製作橫幅圖片，作為網頁製作的素材或是專題報告文件的插畫圖片。

開啟元件設計師

Step 1 開啟 PhotoImpact X3軟體，然後點選【全功能編輯】。

Step 2 按下▼鈕再點選【網頁設計】工作模式。

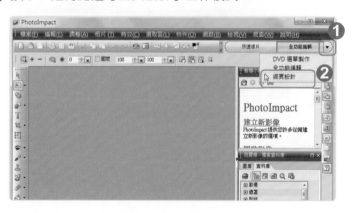

Step 3 點選 【元件設計師】鈕。

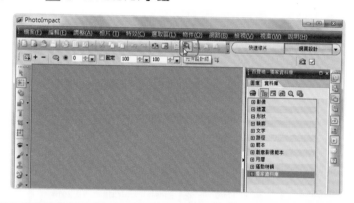

>> 小提示

在「全功能編輯」模式中，點選功能表上的【網路→元件設計師】指令，也可以啟動元件設計師。

選擇橫幅範本

Step 1 快按二下【橫幅】或是按下左側的 ⊞ 鈕展開類別清單，接著點選一種類別再選取一種範本樣式，然後按下【下一步】。

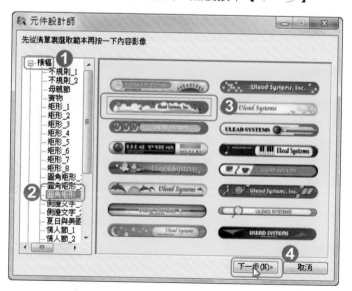

Step 2 取消勾選【維持寬高比】的選項，便於自訂橫幅的大小。接著點選
【像素】單位，再指定寬度與高度。

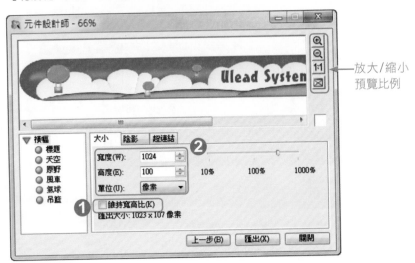

放大/縮小
預覽比例

➤➤ 小提示

1. 寬度及高度，依橫幅的用途來決定大小。

2. 若需要製作陰影效果，可按下【陰影】標籤，勾選陰影並設定陰影
的色彩、模式等設定值。

陰影效果

編輯橫幅文字

Step 1 點選【標題】，接著輸入【熱氣球嘉年華】標題文字並點選字型樣式。

Step 2 點選【色彩】標籤，然後按下 ■【漸層色彩】鈕。

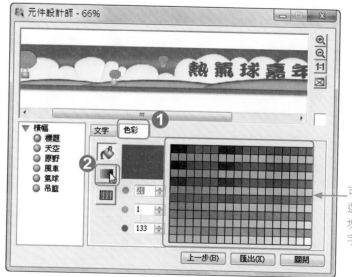

可以直接點選一種色塊，指定文字色彩。

Step 3 點選一種填充類型（也就是漸層色彩的方向），接著點選【多色】，再按下色彩方塊。

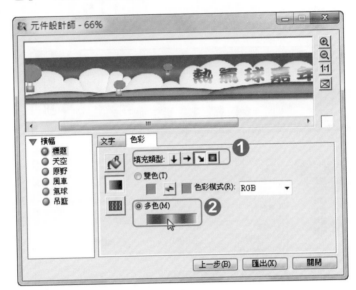

Step 4 點選一種樣式（可以自己選擇喔），再按下【確定】。

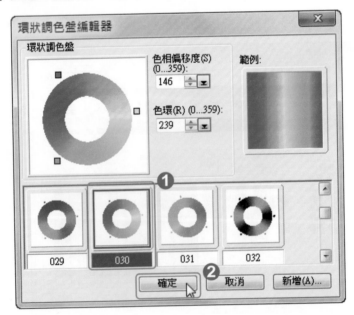

(Step) **5** 依個人需求，可再點選要變更色彩的項目。

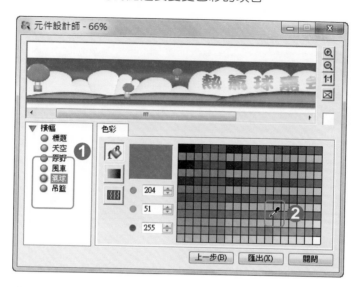

匯出影像檔案

(Step) **1** 按下【匯出】鈕並點選【作為個別的物件】。

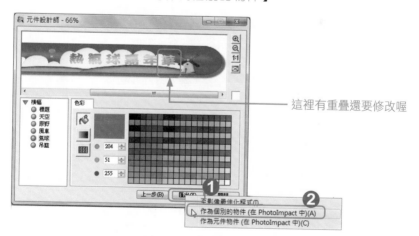

這裡有重疊還要修改喔

＞＞ 小提示

若滿意預覽窗格內的橫幅，可以直接點選【匯出→至影像最佳化程式】，然後匯出檔案。

Step 2 點選 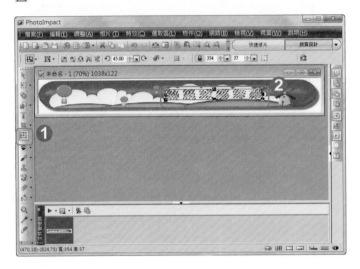 【變形工具】鈕，再點選文字物件並拖曳控點調整大小及位置。

Step 3 按下 【挑選工具】鈕，接著點選【網路→影像最佳化程式】指令，然後點選【整張影像】再按下【確定】。

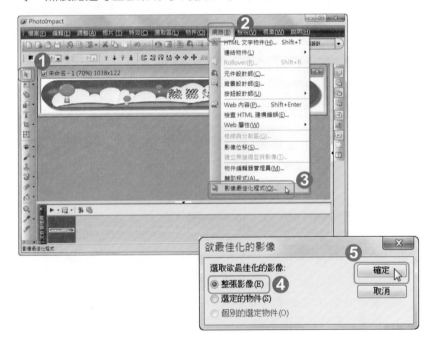

Step 4 點選【PNG】，接著在【遮罩選項】頁點選【挑選色彩】並按下
　　　　【色彩選擇】鈕。然後在「白色」部分按下左鍵，以透明背景，
　　　　最後按下【另存新檔】。

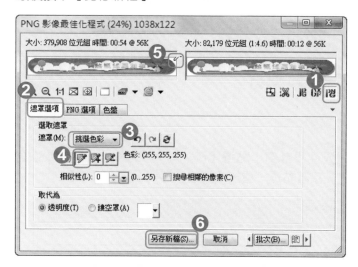

Step 5 指定儲存的資料夾位置，再輸入檔案名稱並按下【存檔】。然後切
　　　　換至元件設計師視窗，按下【關閉】鈕，關閉元件設計師視窗。

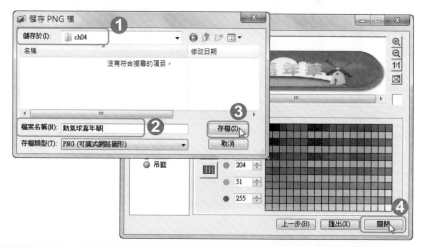

>> 小提示

圖形的形狀是不規則時，儲存成PNG格式，才能透明背景色彩。

4-2 按鈕與插畫的製作

　　PhotoImpact X3 的元件設計師，還可製作互動式按鈕所需要的圖片或是小插畫，作為網頁與動畫製作的素材。

製作互動式按鈕圖片

◯ 選擇按鈕範本

Step 1 開啟元件設計師，點選【Rollover按鈕→旅遊】類別（或其他類別），接著點選一種按鈕樣式，再按下【下一步】。

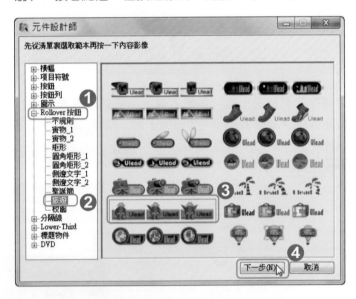

>> **小提示**

Rollover (互動式) 按鈕，是以三張不同的圖片輪替而產生效果。元件設計師的 Rollover 按鈕範本會產生三張圖片，因此修改按鈕時，【移至滑鼠上方】及【點擊滑鼠】狀態的文字模式，也要記得修改喔！

Step 2 如果要指定固定按鈕的大小時，可按下【大小】標籤頁，然後拖曳
滑桿調整大小。

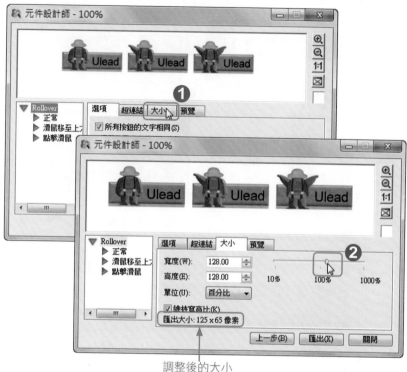

調整後的大小

● 編輯按鈕文字

Step 1 點選【正常】狀態按鈕的【標題】項目，然後輸入【旅遊相簿】等
按鈕文字，再選取一種字型樣式。

Step 2 點選【色彩】標籤，然後再點選一種色彩。

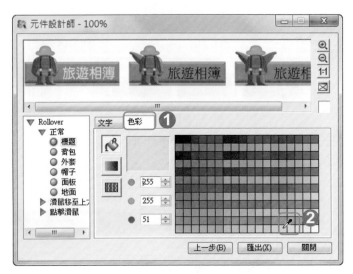

Step 3 點選【滑鼠移至上方】狀態的【標題】項目，接著修改字型樣式。
然後點選【色彩】標籤，再點選一種色彩。

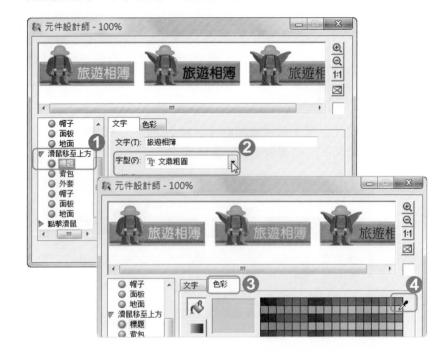

Step 4 以相同方法， 修改【點擊滑鼠】狀態的標題字型及色彩。

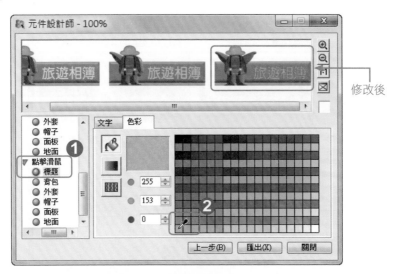

修改後

三種狀態的標題字型或色彩都要設定喔！設定時，用【相同字型】，
但【不同色彩】來區分，可獲得較佳視覺效果。

匯出按鈕圖片

Step 1 按下【匯出】，再點選【至影像最佳化程式】。

Step 2 點選【PNG】檔案類型，然後按下【另存新檔】。

PNG 影像最佳化程式 (157%) 157x65

大小: 30,615 位元組 時間: 00:05 @ 56K   大小: 7,938 位元組 (1:3.9) 時間: 00:02 @ 56K

————透明背景

①

遮罩選項　PNG 選項　色盤

預設項目(R):　PNG 全彩　▼ 　　　依大小壓縮(I)...

色彩(C): 256 (2..256)　濾鏡(E): 無
比例(W):　　　　　　□ 遞色(D): 100 (0%...100%)
色盤(L):　　　　　　□ 交錯型(U)
柔和(F): 無
檔案類型(T): 全彩

②　[另存新檔(S)]　取消　◀ 批次(B)... ▶

Step 3 指定儲存的資料夾位置，接著輸入檔案名稱，再按下【儲存】。

儲存 PNG 檔

儲存於(I):　ch04　①

熱氣球嘉年華

檔案名稱(N): 旅遊相簿　②　　　[存檔(S)]　③
存檔類型(T): PNG (可攜式網路圖形)　　　取消

>> 小提示

按鈕圖片建立完成後，可以利用Adobe Flash CS6或SWFQuicker等
軟體，建立互動式Flash按鈕，或是直接插入網頁製作軟體，建立互動
式圖片按鈕喔！

　　旅遊相簿　　旅遊相簿_down　　旅遊相簿_over

完成的按鈕圖片

製作美工插畫圖片

Step 1 開啟元件設計師,接著點選【圖示→郵件】類別,然後選取一個範本圖案,再按下【下一步】。

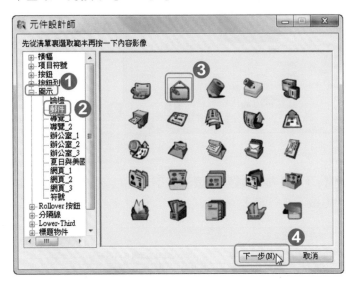

Step 2 拖曳滑桿至【1000%】,以調整圖片的大小。

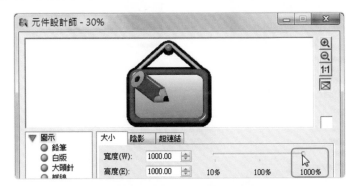

>> 小技巧

1. 原範本預設的尺寸都很小,所以將它放大10倍,以利日後的使用!

2. 在元件設計師內的圖示、項目符號、分隔線、橫幅等類別,都可以匯出作為美工插畫或動畫素材。

Step 3 按下【匯出】，再點選【至影像最佳化程式】。

Step 4 點選【PNG】檔案類型，接著按下【另存新檔】，然後輸入檔案名稱，再按下【存檔】。

4-3 Web 相簿輕鬆秀

把自己的旅遊、學習和生活等相片發佈到網路上，與大家一起分享，是一件快樂的事情。PhotoImpact 可以協助你快速完成這個工作。

選取來源與輸出資料夾

Step 1 按下工具列上的 【分享】鈕，再點選【Web相簿】或是按下功能表上的【檔案→分享→Web相簿】指令，然後按下 ⋯ 鈕。

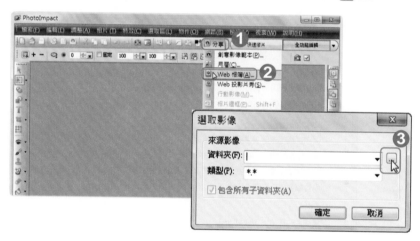

Step 2 點選【電腦→D磁碟】，再點選【素材\ch04\台北花卉博覽會】資料夾，然後按下【確定】。

Step 3 按下【確定】。

Step 4 按下 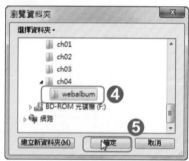 鈕，點選【電腦 → D磁碟】，再點選【範例\ch04\webalbum】資料夾，然後按下【確定】。

設定網頁資訊與樣式

Step 1 點選【網頁設定】標籤頁,接著輸入【台北花卉博覽會】網頁標題文字,然後勾選並輸入要顯示的附註文字(內容可自訂喔)。

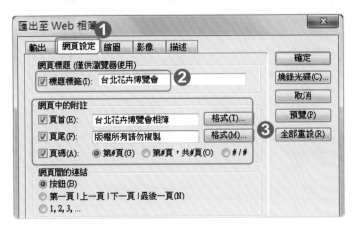

Step 2 點選【縮圖】標籤頁,接著點選一種導覽框架樣式,然後設定版面配置及指定縮圖的大小。

Step 3 點選【影像】標籤頁，然後指定影像大小為800×600（可自訂）。

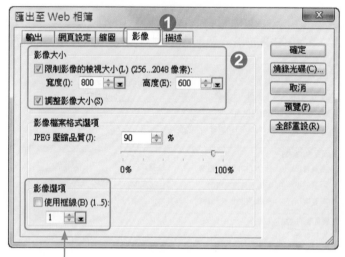

若是勾選【使用框線】的選項就可以指定框線的寬度

Step 4 點選【描述】標籤頁，接著點選要顯示的欄位，然後按下【確定】即可完成 Web 相簿的製作。

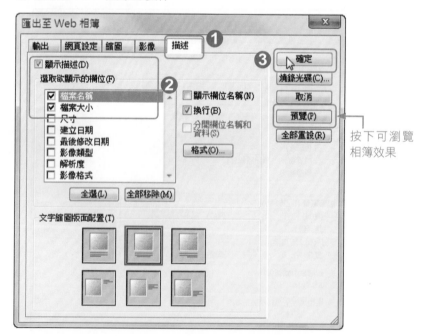

按下可瀏覽相簿效果

瀏覽相簿內容

Step 1 相簿建立完成後，只要開啟檔案總管，然後快速按二下【index. html】相簿首頁檔案即可開啟相簿。

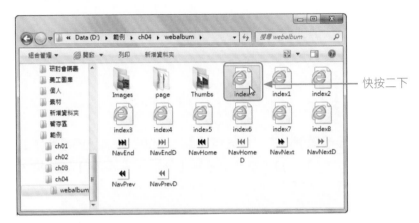

快按二下

Step 2 點選左側的目錄縮圖瀏覽相簿，即可瀏覽相片內容。

>> **小技巧**

相簿建立後，若要發佈到網路上，就必須將整個資料夾
【webalbum】上傳到遠端的網站上，然後建立一個按鈕並設定超連
結至【index.html】網頁文件，即可瀏覽整個相簿。

4-4 影像批次處理

　　如果你有大量的數位照片要上傳到 Facebook、部落格或是網站，想為每一張照片加上個人標誌、調整尺寸或加入特效。PhotoImpact 的「批次處理」功能提供快速的解決方案，讓你輕鬆且快速來執行一系列的影像處理指令，而不必一張一張地修改影像。

批次管理員

　　在練習這個範例之前，請先將【素材\ch04\台北花卉博覽會】資料夾複製到【範例\ch04】，接著重新命名為【批次處理_油畫】資料夾，然後依下列步驟操作：

Step 1 按下工具列上的 ➌【開啟】鈕，接著點選【範例\ch04\批次處理_油畫】資料夾，然後同時按下 Ctrl 鍵與 A 鍵選取全部檔案，再按下【開啟舊檔】。

Step 2 點選功能表上的【視窗→批次管理員】指令。

已同時開啟多個檔案

Step 3 點選【特效】類別及【藝術\油畫】操作,接著按下【全選】與【確定】按鈕,然後指定筆畫細節與程度設定值,再按下【確定】。

每一張照片都自動套用油畫效果後，再利用「批次管理員」執行【儲存】及【關閉】檔案的動作。

Step 4 點選功能表上的【視窗→批次管理員】指令。

已套用油畫效果

Step 5 用相同方法再執行【檔案→儲存】及【檔案→關閉】指令，即可完成套用油畫效果的批次工作。

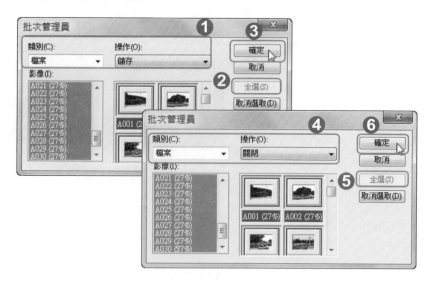

自動化影像批次處理

「批次管理員」固然快速且容易使用，但處理程序不夠自動化。PhotoImpact 還提供另一種方式，讓你自己錄製一系列的執行指令，來進行影像批次處理的工作。以下這個範例，將先設計一個簡單的 logo 標誌檔案，然後為每張相片執行「調整影像大小」及加上 logo 標誌物件的動作。

● 建立 logo 標誌檔案

Step 1 啟動PhotoImpact軟體，然後點選【建立-新影像】。

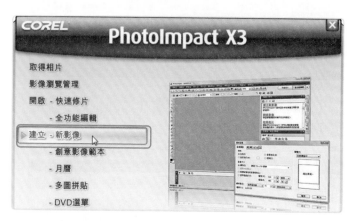

Step 2 點選【透明】底色，再點選【使用者自訂】並指定寬度為【200】像素、高度為【80】像素，然後按下【確定】。

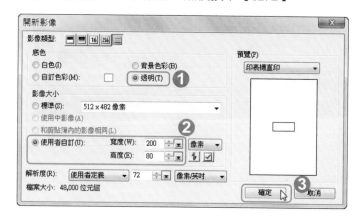

Step 3 點選 ▣ 【最大化】鈕最大化檔案視窗，接著點選百寶箱面板的 ▣
【最大化】鈕展開工具面板。

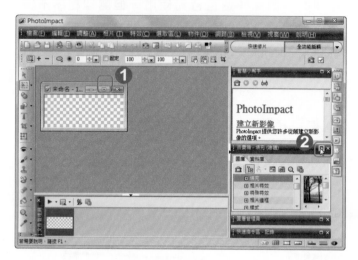

Step 4 按下【資料庫】標籤頁，再點選【運動特輯】類別，然後拖曳
【140】縮圖至繪圖工作區內。

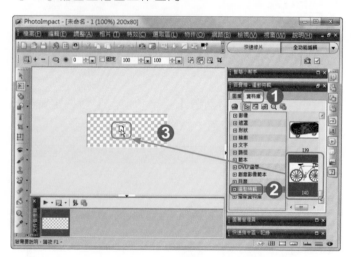

Step 5 點選⊞【變形工具】鈕，再拖曳控點調整物件大小及位置。

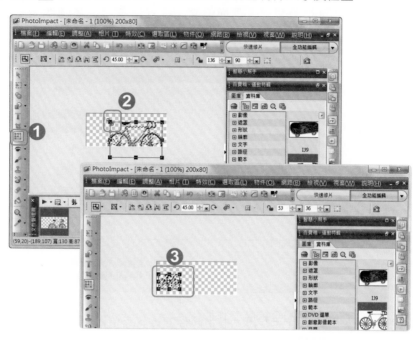

Step 6 按下 T【文字工具】鈕，再指定文字的色彩、字型及大小等樣式，接著在繪圖區上按下滑鼠左鍵置入游標，然後輸入【單車逍遙遊】等文字。

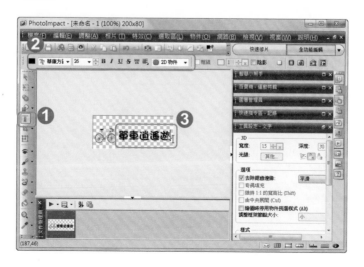

Step 7 按下 ▶ 【挑選工具】鈕，接著點選百寶箱內的【文字/路徑特效→文字樣式】類別，再拖曳文字樣式縮圖至文字物件上（樣式自訂喔）。

Step 8 按下 💾 【儲存】鈕，指定儲存的資料夾位置，接著輸入檔案名稱及選取檔案類型為【UFO】，再按下【存檔】並關閉檔案，完成Logo標誌的製作。

● 建立新工作

首先把要一起批次處理的圖片放在同一個資料夾裡,然後開啟其中一個檔案,再執行一系列影像處理指令,以作為批次處理的工作範本。

Step 1 按下 ▣【顯示或隱藏快速指令區】鈕,再點選【工作】標籤頁,然後按下 ▣【建立新的工作】鈕。

Step 2 輸入【單車逍遙遊】等名稱(自訂喔!),然後按下【錄製】。

>> 小提示

新的工作名稱盡量和實際的操作內容相關聯,避免以後要重複執行此項工作時,忘記其執行的工作項目內涵。

Step 3 點選 【開啟】鈕，接著點選【素材\ch04\二重疏洪道水漾公園】資料夾，再點選任一檔案並按下【開啟舊檔】。

原始相片
資料夾

工作錄製中

Step 4 點選【調整→調整大小】指令。

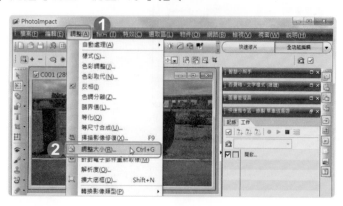

Step 5 勾選【維持寬高比】並指定影像寬度為【800】像素,然後按下【確定】。

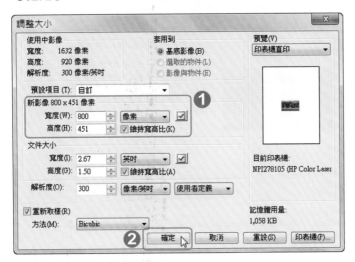

Step 6 點選功能表上的【檔案→分享→相片邊框】指令。

>> 小提示

上傳到 FaceBook 或其他網站相片的尺寸不宜過大,以免影響檔案上傳速度。以寬度為【1024 ~ 800】像素,即可獲得不錯的視覺效果。

Step 7 勾選【邊框】，再點選一種邊框樣式。（自訂喔！）

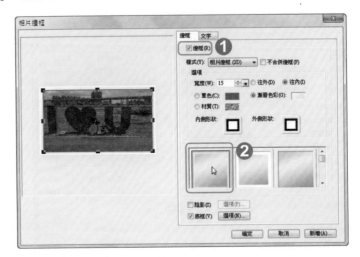

Step 8 點選【文字】標籤頁，再按下【標誌】，接著點選【單車逍遙遊 logo.ufo】，然後按下【開啟舊檔】。

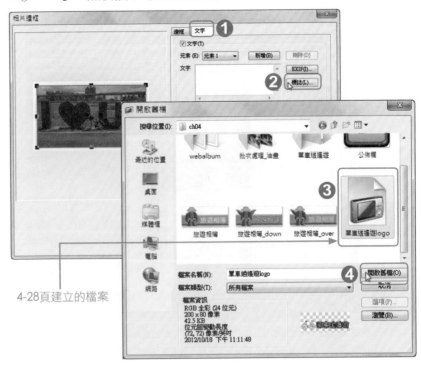

4-28頁建立的檔案

Step 9 點選　【右下】鈕指定標誌的位置,再指定X和Y位移的數值,並取消勾選【不合併文字標誌】,然後按下【確定】。

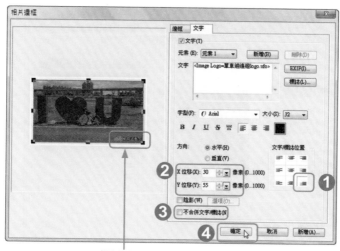

標誌位置

Step 10 點選功能表上的【檔案→另存新檔】指令,然後指定儲存的資料夾位置,再按下【存檔】。

不可要原始相片
資料夾相同喔!

Step 11 點選功能表上的【檔案→關閉】指令，然後按下■【停止】鈕結束錄製的動作。

>> 小提示

【C001】範例影像編輯完成且關閉後，請利用檔案總管將它刪除，後面執行批次工作時，才能再重新處理這個檔案。

● 執行批次工作

批次工作錄製完成以後，再依下列步驟執行錄製的工作指令。

Step 1 點選【單車逍遙遊】工作項目，再按下【批次工作】鈕。

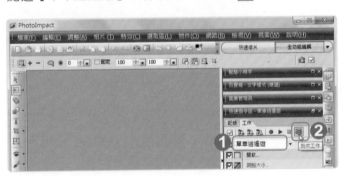

Step 2 按下 ⋯ 鈕指定來源相片檔案的資料夾位置，再點選【存至此資料
夾並關閉】，接著按下 ⋯ 鈕指定處理後檔案儲存的資料夾位置，
然後勾選訊息選項，再按下【確定】。

Step 3 按下【確定】，再按下【關閉】。

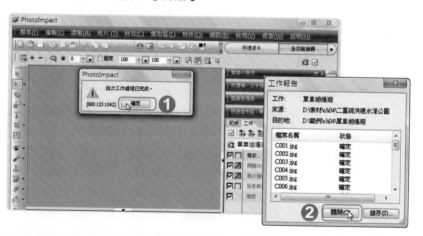

≫ 小提示

錄製完成的「批次工作」可以重複使用，和批次管理員不同之處，是
它不需要同時開啟多個檔案，這樣有助於提升電腦工具效率。因此這
種方法非常適合用來處理大量的影像檔案。

課後練習

1. 利用 PhotoImpact X3的元件設計師製作無標題的橫幅圖片，圖片大小為【寬度：1024像素、高度：150像素】，檔案類型為【JPG或PNG】，樣式自訂。

2. 利用「批次工作」的方法，將【素材\台北植物園】資料夾內影像，都調整大小為【1024×768】的尺寸。

Flash 動畫 Easy GO

❋ 認識Flash CS6

❋ 套用預設的動畫效果

❋ 認識時間軸與影格

❋ 建立文字動畫

5-1 認識 Flash CS6

　　隨著網際網路的蓬勃發展，建構一個多樣化影音動畫的多媒體網站是必然的趨勢，而 Flash 動畫正是打造生動活潑且互動的多媒體網站不可或缺的元素之一。Adobe Flash CS6 是一套多媒體的動畫製作軟體，內建的 ActionScript程式語言，可以讓你輕鬆做出精彩且具有互動效果的動畫影片。在這一節，就先來熟悉它的視窗介面。

啟動 Adobe Flash CS6 軟體

Step 1 按下 【開始】鈕，再點選【所有程式→Adobe→Adobe Flash Professional CS6】啟動軟體。

Step 2 在「歡迎螢幕」視窗中，點選【新增】項目下要建立的檔案
類型或是選取【從範本建立】項目下的範本文件。現在請點選
【ActionScript 3.0】文件類型，開啟新文件視窗。

認識視窗環境

>> 小技巧

1. 如果要設定啓動軟體時，不顯示「歡迎螢幕」視窗而直接開啓新文件。可以先開啓空白文件後，再選取功能表上的【編輯→偏好設定】指令，開啓【偏好設定】對話框，然後依下列步驟進行設定。

2. 設定【新增文件】後，再重新啓動Flash軟體時，會自動開啓空白新文件。

視窗介面基本操作

Step 1 按下工作區切換器，再點選【傳統】類別。

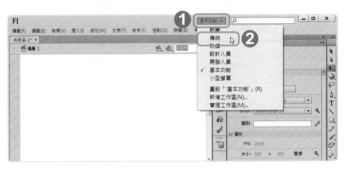

Step 2 滑鼠移至邊框線上游標呈 ⇕ 狀時按住左鍵，再向上或向下拖曳邊框線調整時間軸面板的大小。

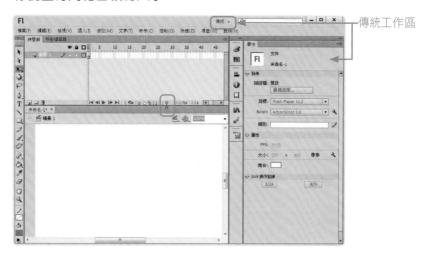

傳統工作區

Step 3 點選 ▶▶【收合成圖示】鈕收合工具面板，再按下 ◀◀【展開面板】鈕展開面板。

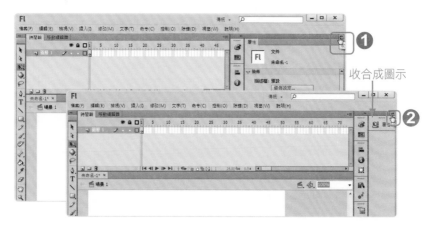

❶

收合成圖示

❷

5-2 我的第一個動畫

Flash CS6內建幾十種多種動畫效果，你可以將它套用到文字或影像上，迅速建立 Flash 動畫影片。現在就開啟 Flash 新文件來體驗製作動畫的樂趣囉！

設定文件屬性

Step 1 開啟新的 Flash 文件，然後按下「屬性」面板上的🔧【編輯文件屬性】鈕。

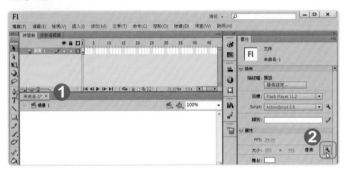

Step 2 指定影片尺寸大小為【400 × 300】像素，然後按下☐【色彩方塊】指定背景顏色。

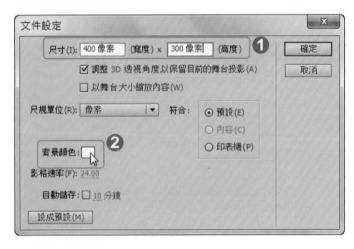

Step 3 點選一種背景顏色。

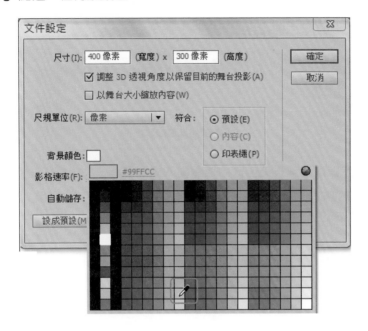

Step 4 指定影格速率（每秒播放的影格數），這裡暫時採用預設值，不做
修改，接著勾選【自動儲存】選項，然後按下【確定】。

儲存檔案

Step 1 點選功能表上的【檔案→儲存】指令。

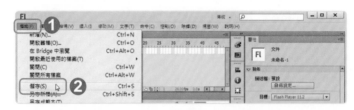

Step 2 指定儲存的資料夾位置,接著輸入檔案名稱,然後按下【存檔】。

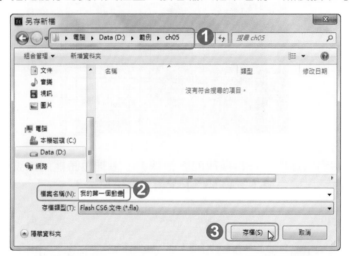

>> 小技巧

1. 要養成每隔幾分鐘就「儲存檔案」的習慣,以免電腦當機而前功盡棄喔!

2. Flash CS6專用的文件檔案類型是【fla】。

3. 勾選功能表上的【視窗→工具列→主工具列】指令,可以顯示主工具列視窗。

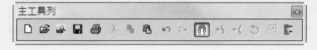

輸入文字內容

Step 1 按下 **T**【文字工具】鈕,再點選【傳統文字】與【靜態文字】,接著指定文字的字型及大小為【30】,然後按下 ■ 顏色方塊,再點選一種顏色。

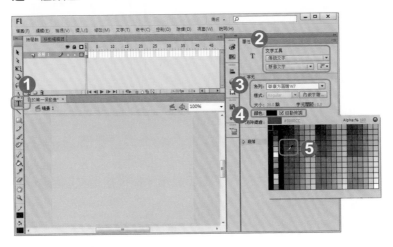

Step 2 在舞台上按下滑鼠左鍵置入游標,然後輸入【舉手做環保 青山綠水才有保】等文字。

輸入文字的方法和
一般文書軟體相同

Step 3 選取文字範圍，接著按下 ▷ 段落 鈕展開屬性面板，再按下 ≡【置中】鈕，並指定行距為【10】點。

Step 4 選取【青山綠水才有保】文字範圍，然後指定文字色彩。

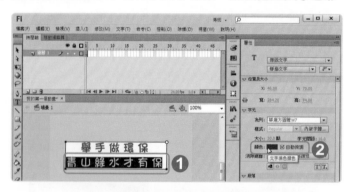

>> 小技巧

1. 在靜態水平文字欄位的右上角出現【圓形】控制點，表示文字欄位可擴展；右上角會出現【方形】控制點，表示是固定欄位。

2. 拖曳【圓形】控制點可轉換為【方形】控制點；快按二下【方形】控制點可轉換成【圓形】控制點。

　　舉手做環保　　　　　舉手做環保

　　可擴展文字欄位　　　　固定寬度文字欄位

套用預設的動畫效果

Step 1 按下 【選取工具】鈕，再拖曳文字欄位調整位置，然後按下 【移動預設效果】鈕展開面板。

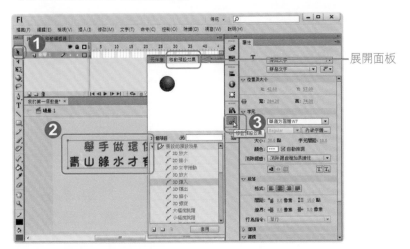

展開面板

Step 2 點選【波浪】或其他效果，再按下【套用】，然後按下 【移動預設效果】鈕收合面板。

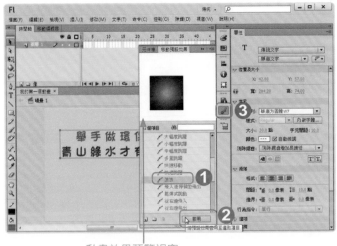

動畫效果預覽視窗

Step 3 點選功能表上的【控制→測試影片→測試】指令或是同時按下 Ctrl 鍵和 Enter 鍵測試影片動畫效果，然後按下 X 【關閉】鈕。

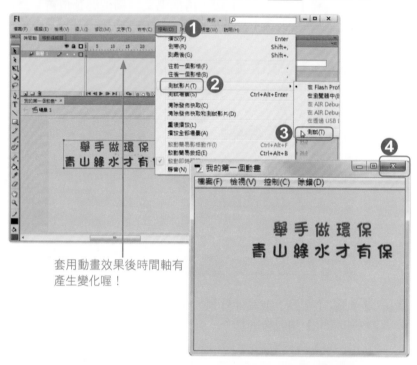

套用動畫效果後時間軸有
產生變化喔！

>> 小技巧

1. 同時按下 Ctrl 鍵和 Enter 鍵可快速測試影片，按下 Enter 鍵可直接在工作區上瀏覽動畫效果。

2. 測試動畫效果後，若覺得不滿意，應立即點選功能表上的【編輯→復原】指令。

3. 點選時間軸上的【播放】鈕，也可以在工作區上測試動畫效果。

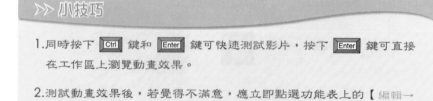

匯出動畫影片

Flash CS6 的文件檔案類型為【fla】，是無法在其他軟體開啟的。因此完成動畫後，必須將它匯出成【swf】格式的 flash 影片檔案。

Step 1 先點選功能表上的【檔案→儲存】指令儲存檔案，然後再點選【檔案→匯出→匯出影片】指令匯出影片。

Step 2 指定儲存的資料夾位置，接著輸入檔名（採用預設檔名即可），然後按下【存檔】，再按下【是】，以覆蓋檔案。

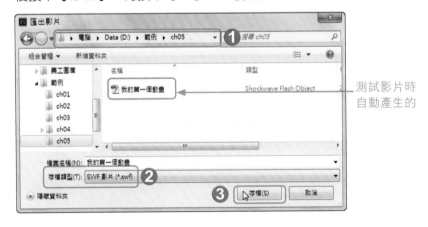

測試影片時自動產生的

5-3 認識時間軸與影格

動畫與時間是密不可分的，而時間軸是控制整部影片中角色演出的時程。在這一節就來熟悉時間軸與圖層在影片中的功用與操作。

認識時間軸視窗

Flash CS6 的「時間軸」視窗是組織和控制影片內容的工作區，它是由「圖層區」和「影格列」組成的。

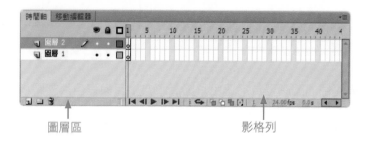

圖層區　　　　　　　　　　　　　　影格列

圖層的意義

排列圖層

圖層就像一張張透明的膠片，彼此上下堆疊，而不互相干擾。你可以在圖層上繪製和編輯物件，而在同一個時間，最上方圖層的內容會遮住下面其他圖層中的內容。你可以直接拖曳圖層來調整圖層的上下位置。

作用中圖層 →

以拖曳圖層方式排列圖

● 圖層的類型

Flash CS6 的圖層可以分為「一般圖層」、「遮色片圖層」、「被遮色的圖層」、「導引線圖」與「已導引圖層」等五種類型。

◆一般圖層

「一般圖層」的名稱前面會有此圖示 🗂。

◆遮色片圖層

遮色片圖層包含了當做遮色片使用的物件，以隱藏其下方的選定圖層部分。

◆被遮色的圖層

被遮色的圖層是位於遮色片圖層下方，且與遮色片圖層相關聯的圖層。被遮色的圖層只有被遮色片顯露的部分才是可見部分。

◆導引線圖

包含了可用來在其他圖層上引導排列物件，或者引導移動傳統補間動畫的筆畫。

◆已導引圖層

已導引圖層是與導引線圖層相關聯的圖層。已導引圖層上的物件可以沿著導引線圖層上的筆畫來排列或製作成動畫。

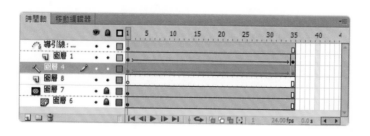

認識影格列

　　影片是由一系列的影格和時間組成的，包含一般影格、關鍵影格及空白關鍵影格等三種類型，你可以將它插入到時間軸中。現在請參閱下圖，認識影格列上的各部位名稱。

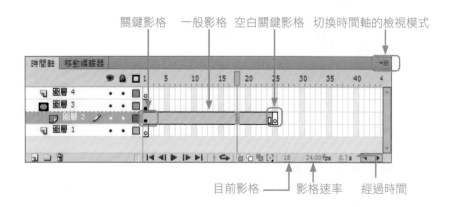

- 一般影格：新增影格時，只會增加動畫的長度，也就是延長動畫的播放時間。

- 關鍵影格：在影片中指定變更或指定影格動作的影格，也就是含有內容的影格，以●圖示表示。

- 空白關鍵影格：是不含內容的影格，不過您可以新增動作、影像或文字等元件，以○圖示表示。

5-4　歌唱大賽

　　在這一節中，將匯入外部美工插圖及應用 Flash CS6 的內建動畫效果，建立歌唱大賽的宣傳動畫。

開啟新檔案

◉ 設定影片大小

Step 1 啟動 Flash CS6 軟體，然後點選【ActionScript 3.0】開啟新文件。

Step 2 在屬性面板中，指定影片的大小為【寬度：600，高度：360】。

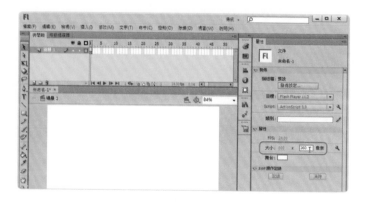

● 新增圖層

Step 1 點選 🔲【新增圖層】鈕，新增二個圖層。

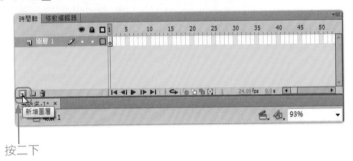

按二下

Step 2 快按兩下【圖層1】。

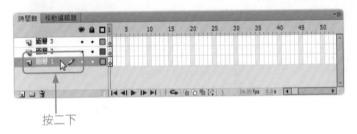

按二下

Step 3 鍵入【背景】，然後按下 Enter 鍵。

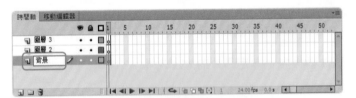

>> 小提示

以相同的方法，分別將圖層2和圖層3重新命名為「人物」和「標題」。

設定影片背景

Step 1 點選【背景】圖層的第1影格。

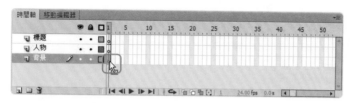

Step 2 點選功能表上的【檔案→匯入→匯入至舞台】指令。

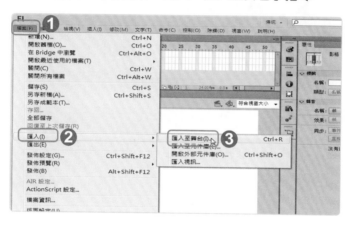

Step 3 點選【素材\ch05\5-1.jpg】，然後按下【開啟舊檔】。

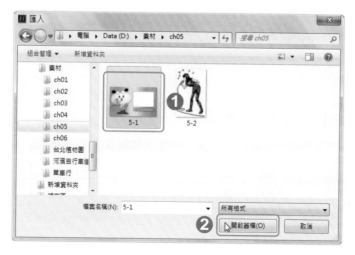

Step 4 先點選【圖片】，接著在「屬性」面板中，指定圖片的位置為
【X：0，Y：0】，影像大小為【寬：600，高：360】，然後點選
滑鼠左鍵鎖定【背景】圖層。

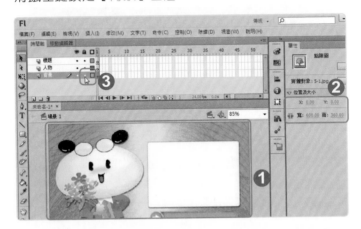

>> 小提示

編輯完成的圖層，可以暫時將它鎖定，以利其他圖層的編輯。再按一
下 🔒 鈕即可解鎖。

建立動畫效果

Flash CS6內建數十種新樣式的動畫效果，可以把它套用到文字或是插
圖上，讓你快速建立動畫影片。

● 套用效果至影像

Step 1 點選【人物】圖層的第1影格。

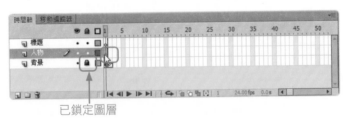

已鎖定圖層

Step 2 點選功能表上的【檔案→匯入→匯入至舞台】指令。

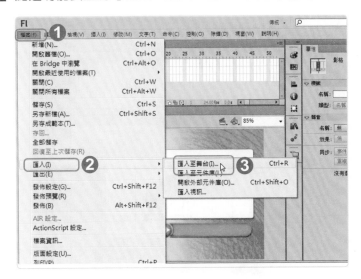

Step 3 點選【素材\ch05\5-2.png】圖片，然後按下【開啟舊檔】。

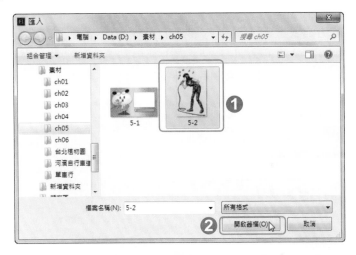

>> 小提示

點選【匯入至舞台】指令可同時將圖片匯入到舞台及元件庫；若點選
【匯入至元件庫】指令，則圖片不會顯示在舞台上。

Step 4 點選 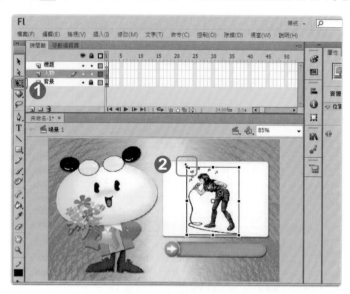【自由變形工具】鈕，再拖曳控點調整圖片大小及位置。

Step 5 點選功能表上的【檔案→儲存】指令儲存檔案，檔名為【歌唱大賽】。接著按下 【選取工具】鈕再點選人物圖片，然後按下 【預設移動效果】鈕展開面板。

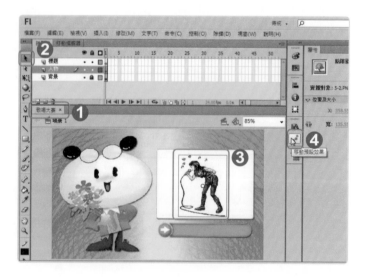

Step 6 點選【脈搏式跳動】效果,再按下【套用】,接著按下【確定】。

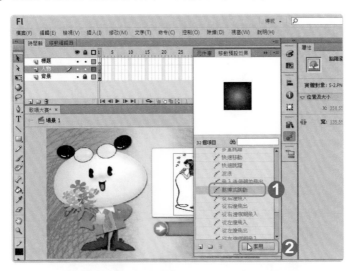

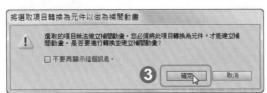

Step 7 以滑鼠右鍵點選【背景】圖層的第24影格,然後選取【插入影格】
指令,以延長背景圖片停留的時間,然後自行按下 Ctrl 鍵和 Enter
鍵測試影片喔!

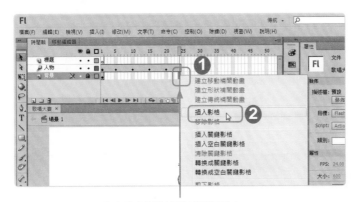

和人物圖層的影格對齊喔!

◉ 套用效果至文字

Step 1 先鎖定【人物】圖層,再點選【標題】圖層第1影格,接著點選 **T** 【文字工具】鈕,然後在舞台上輸入【歡唱卡拉ＯＫ大賽】等文字。

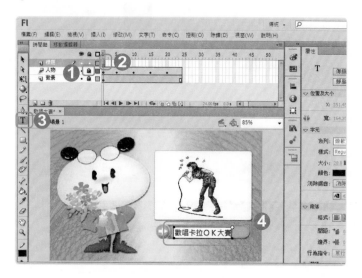

Step 2 選取文字範圍,然後指定文字的字型、大小及色彩。

不做改變

文字大小符合背景圖喔!

Step 3 點選 ➤【選取工具】鈕再點選文字物件,接著按下 ⚫【預設移動效果】鈕展開面板並點選【從右邊飛入】項目,再按下【套用】,最後按下【確定】。

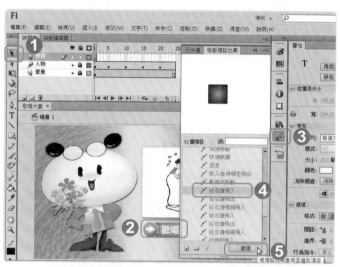

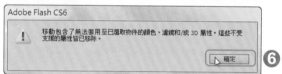

Step 4 按下 `Ctrl` 鍵和 `Enter` 鍵測試影片,發現文字動畫的起始與結束位置不合乎需求。接著就關閉動畫預覽視窗,來修改預設動畫效果囉!

文字的位置不符合需求

Step 5 點選【標題】圖層的第1影格,然後拖曳文字元件至舞台右側。

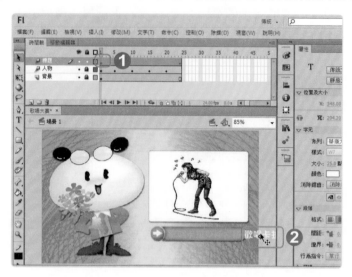

Step 6 點選【標題】圖層的第24影格,然後拖曳文字元件至舞台綠色方塊內,然後測試影片喔!

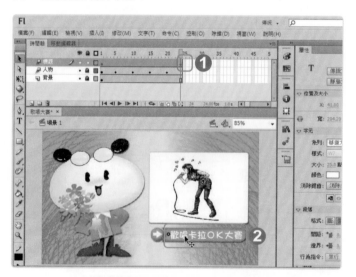

Step 7 分別以滑鼠右鍵點選【標題】、【人物】與【背景】圖層的第40影格，然後點選【插入影格】指令，以延長動畫停留時間。

● 建立第二段動畫

　　如果你想要繼續建立第二段文字動畫，請先點選功能表上的【編輯→還原】指令數次，還原上述步驟7的動作，然後再依下列步驟操作：

Step 1 在「背景」及「人物」圖層的第25影格插入【影格】，接著點選「標題」圖層的第25影格，然後按右鍵選取【插入空白關鍵影格】指令或是點選功能表上的【插入→時間軸→空白關鍵影格】指令。

Step 2 點選 **T**【文字工具】鈕，然後在舞台上輸入【3月20日隆重舉行】等文字。（樣式自訂喔！）

Step 3 點選 ▶【選取工具】鈕，接著按下 ■【預設移動效果】鈕展開面板並點選【從右邊飛入】項目，再按下【套用】。

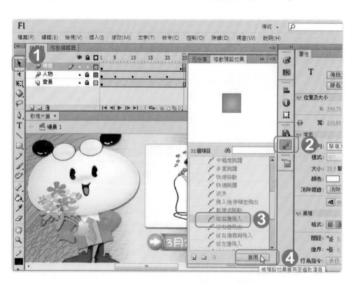

Step 4 按下【確定】，建立第二段文字動畫。

Step 5 在【背景】圖層的第48影格插入影格，以延長背景圖片的播放時間，然後測試影片喔！

在第48影格文字位置不符合需求

Step 6 分別調整【標題】圖層的第25影格及第48影格文字元件的位置。（操作方法和第5-26頁相同）

Step 7 按下 🔒【鎖定】圖示以解除鎖定【人物】圖層，然後以滑鼠右鍵點選第26影格，再點選【插入關鍵影格→旋轉】指令。

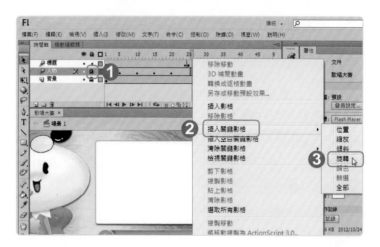

Step 8 按下 ⬛【自由變形工具】鈕再點選圖片，然後將滑鼠移至控制點附近，游標呈 ↻ 狀時拖曳滑鼠旋轉人物角度。

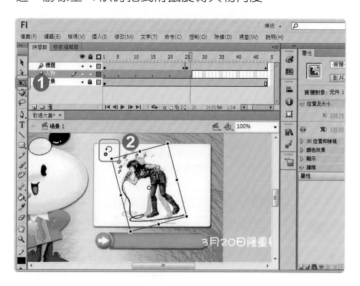

Step 9 用相同的方法，在第35影格、第45影格與第48影格插入關鍵影格，並調整人物的角度與大小。（旋轉角度與大小自訂喔！）

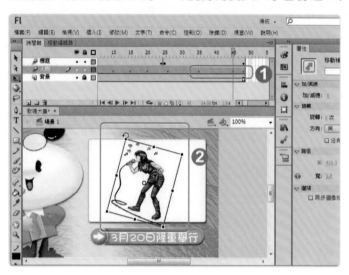

Step 10 分別以滑鼠右鍵點選【標題】、【人物】與【背景】圖層的第65影格，然後點選【插入影格】指令，延長第二段動畫停留時間。接著請自行測試並匯出影片，以完成這個範例的製作喔！

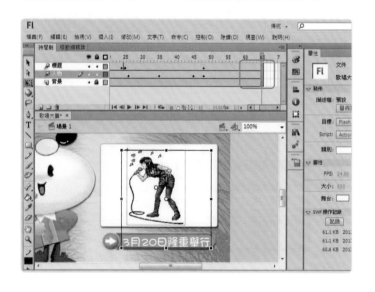

課後練習

1. 匯入「素材\ch05」資料夾內的橫幅圖片，然後加入主題文字並套用預
   設動畫效果。（提示：影片大小為1024×150，橫幅可自製喔！）

2. 匯入【素材\ch05\5-3.png】背景圖片，然後建立【重視生命 拒絕毒
   害】的標題動畫。（提示：影片大小為520×400，自訂動畫效果。）

Chapter *6*

動畫卡片 DIY

✿ 建立逐影格動畫

✿ 傳統補間動畫的應用

✿ 影片片段的使用

✿ 元件與元件庫的使用

6-1 建立逐影格動畫

「逐影格動畫」是藉由修改每一個影格中的內容，來組成連續的動畫。它適合逐步顯示詳細變更的複雜動畫，而逐影格動畫產生的檔案通常比較大。在這一節中，將以「廣告霓虹燈」的範例，來體驗 Flash 的基本動畫製作。

建立新影片

Step 1 啟動Flash CS6軟體，然後點選【ActionScript 3.0】開啟新文件。

Step 2 點選功能表上的【檔案→儲存】指令。

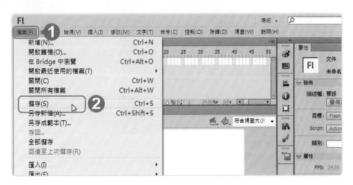

Step 3 指定儲存的資料夾位置，接著輸入【廣告霓虹燈】等名稱，然後按
下【存檔】。

Step 4 在屬性面板中，指定影片的大小為【寬度：600，高度：200】。

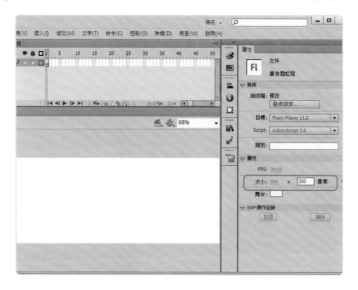

Step 5 按下 ☐【新增圖層】鈕二次，新增兩個圖層。接著快按二下「圖層1」，再鍵入【背景】圖層名稱，然後按下 Enter 鍵。（以相同的方法，修改其他圖層為「圓球」和「標題1」。）

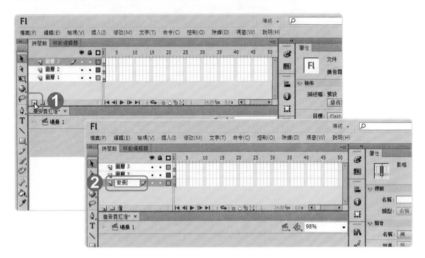

匯入背景圖片

Step 1 點選【背景】圖層的第1影格，然後按下功能表上的【檔案→匯入→匯入至舞台】鈕。

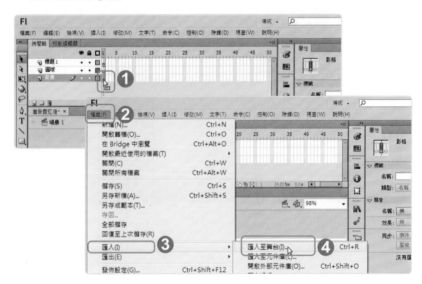

Step 2 點選【素材\ch06\ben1.gif】，再按下【開啟舊檔】，然後按下【否】。

Step 3 先點選「背景」圖片，接著在「屬性」面板中指定圖片的位置及大小為【0，0】和【600，200】，然後鎖定「背景」圖層。

繪製圖形

Step 1 按下 🔍【縮放工具】鈕，然後在背景圖的小圓圈上按一下，以放大檢視比例。

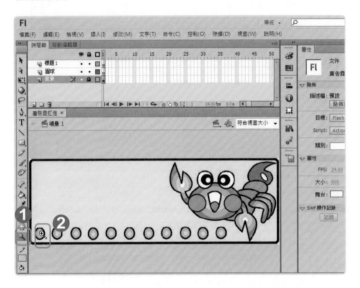

Step 2 先點選【圓球】圖層的第1影格，然後按下 ▢【矩形工具】鈕，再點選【橢圓形工具】。

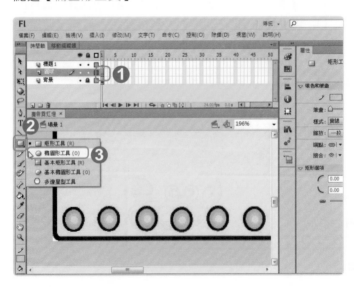

Step 3 按下 ▦ 【色票】鈕，再點選一種色彩。

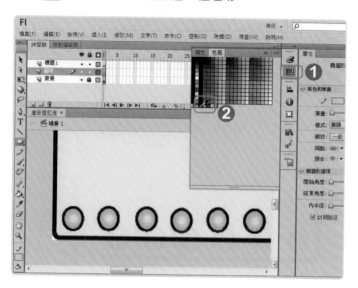

Step 4 拖曳滑鼠繪製一個小圓圈。

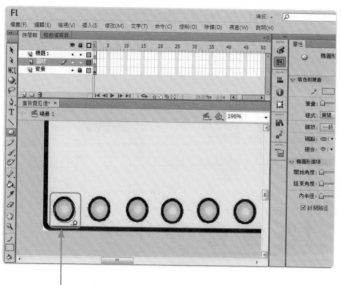

大小足以覆蓋背景圖上的小圓

Flash CS6 動畫製作

Step 5 按下 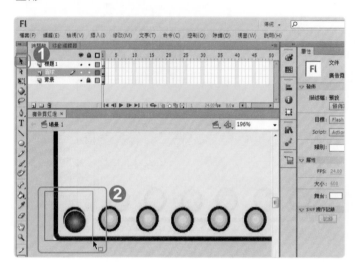【選取工具】鈕，然後拖曳出一個矩形範圍，以選取繪製的圓形。

Step 6 點選【修改→轉換成元件】指令，接著輸入【圓球】等名稱、類型為【圖像】並指定元件註冊的位置為中心點，然後按下【確定】。

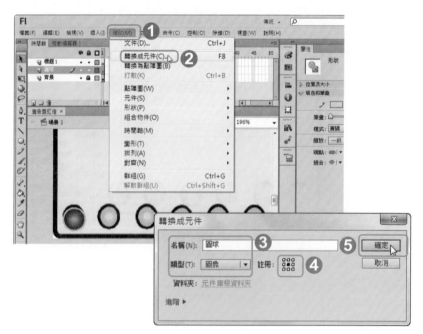

建立跳動的燈光效果

Step 1 在【背景】圖層的第50影格上按右鍵，再點選【插入影格】指令。

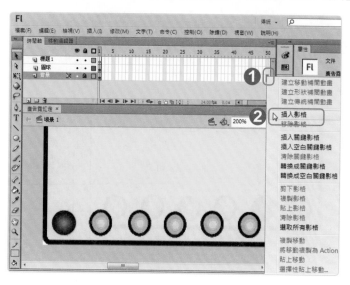

Step 2 在「圓球」圖層的第5影格上按右鍵，再選取【插入關鍵影格】指令。

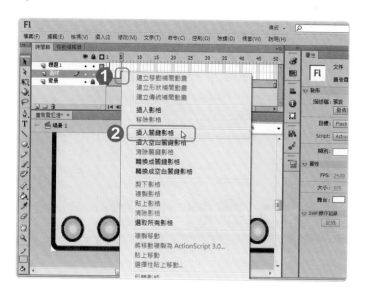

Step 3 拖曳紅色圓球至第2個燈泡上，使得動畫播放至第5影格時，小紅球跳至第2個燈泡上。

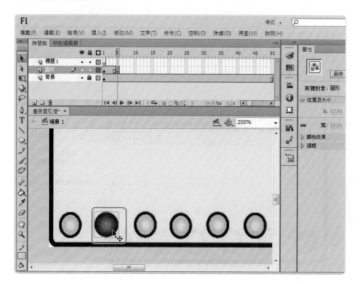

Step 4 在「圓球」圖層的第10影格插入【關鍵影格】，然後將圓形拖曳至第3個燈泡上。

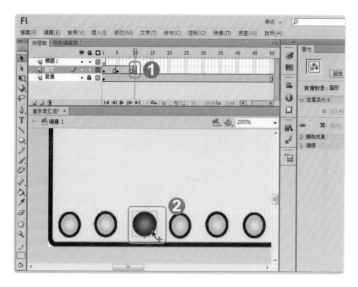

Step 5 點選【符合視窗大小】，再以相同的方法，在第15、20、25、30、35、40、45、50影格上插入【關鍵影格】，接著再依序調整圓球的位置，然後按下 Ctrl 鍵和 Enter 鍵測試影片喔！

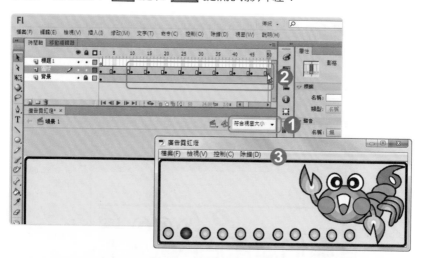

》》小技巧

預覽動畫時，您是不是已經發現以下問題：

(1).第1影格上的紅球只播放4個影格。

(2).第50影格上的紅球只停留1個影格的時間。解決的方法是在第1影格及第55影格上【插入影格】，使得每個紅球停留的時間皆為5個影格。

完成後要鎖定圖層喔！

修改後的時間軸

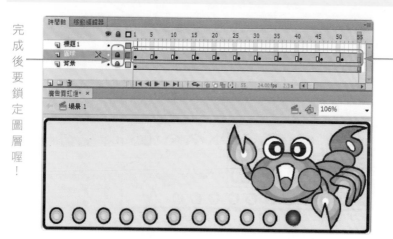

建立標題動畫

● 插入標題文字

Step 1 點選【標題1】圖層的第1影格,然後插入【勇伯海產店】等標題文字。(文字樣式自訂。)

Step 2 按下 ⬛【自由變形工具】鈕,再點選文字物件,然後拖曳控點調整文字元件的大小及位置。

Step 3 按下 【選取工具】鈕再點選文字物件,然後點選功能表上的【修改→打散】指令,將文字元件分開成5個獨立的區塊。

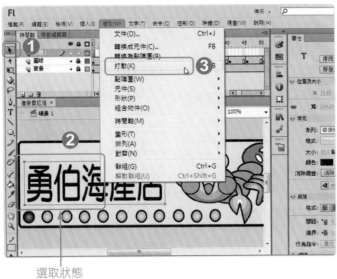

選取狀態

Step 4 分別在「標題1」圖層的第6、11、16、21影格插入【關鍵影格】。

打散成 5 個區塊的文字

Step 5 以滑鼠右鍵點選「標題1」圖層的第25影格，然後選取【插入影格】指令，使得每個關鍵影格的影片長度都相同。

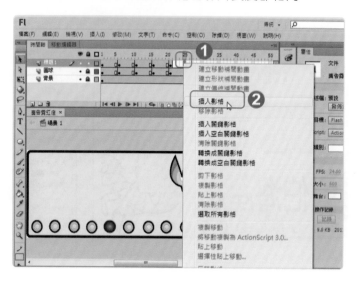

● 變更文字色彩

Step 1 點選【標題1】的第1影格，再點選【勇】的文字物件，接著在「屬性」面板中按下顏色方塊，再選取一種色彩。

Step 2 點選【標題1】的第6影格，再點選【伯】的文字物件，接著在「屬性」面板中按下顏色方塊，再選取一種色彩。（和步驟1相同。）

Step 3 以相同的方法修改「標題1」的第11、16和21影格內的文字色彩，然後按下 Ctrl 鍵和 Enter 鍵測試影片喔！

直接拖曳時間指示器也可瀏覽動畫喔！

>> 小提示

文字動畫是只出現到第25影格，這樣不夠完善。因此您可以新增【標題2】圖層，然後從第26影格開始，以相同的方法，建立第二段文字動畫。這就留做課後作業囉！

6-2　母親節動畫卡片

　　在特別的日子裡，如果能動手作一張電子動畫卡片，再透過 Email 寄給您的友人，讓他體驗不一樣的感覺，也是一件不錯的事情喔！在這一節中，我們將結合逐影格動畫的技巧，製作一張動感十足的母親節電子卡片。

開啟新檔案

Step 1 開啟新檔案，接著由下而上新增【背景】、【蛋糕】和【祝福語】等三個圖層並設定影片大小為【寬度：800，高度：600】，然後儲存檔案，檔名為【母親節卡片】。

Step 2 點選【背景】圖層的第1影格，然後按下功能表上的【檔案→匯入→匯入至舞台】鈕。

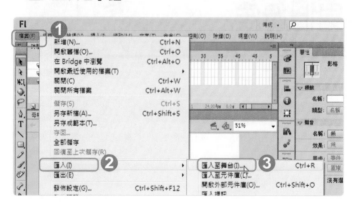

Step 3 點選【素材\ch06\boy1.png】背景圖片，然後按下【開啟舊檔】。

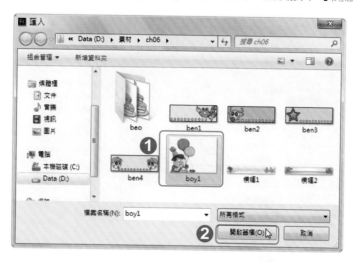

Step 4 先點選圖片，然後在「屬性」面板中，指定圖片的位置為【X：0，Y：0】，以及大小為【800×600】，接著鎖定「背景」圖層。

不同時鎖定寬度與高度值，才能
同時輸入圖片的寬度與高度喔！

建立「蛋糕」影片片段

Step 1 點選【插入→新增元件】指令，接著鍵入【蛋糕】的名稱並點選【影片片段】類型，然後按下【確定】。

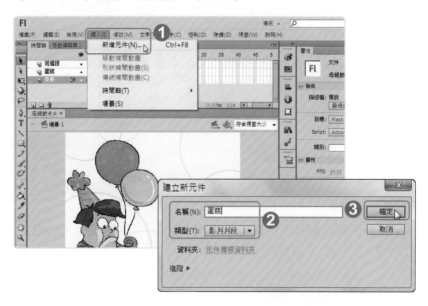

Step 2 點選功能表上的【檔案→匯入→匯入至元件庫】指令。

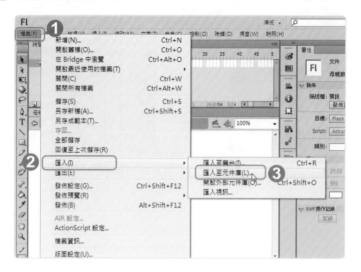

Step 3 以拖曳方式或同時按下 **Ctrl** 鍵和 **A** 鍵選取【素材\ch06\beo】資料夾內的全部檔案，然後按下【開啟舊檔】。

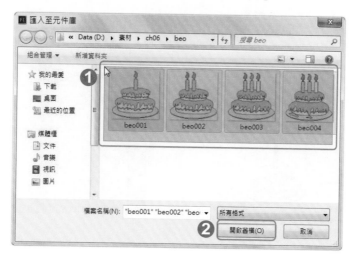

Step 4 點選第1影格，接著按下 ___【移動預設效果】鈕，再點選【元件庫】標籤頁，然後拖曳元件庫面板內的【beo001.png】至短片編輯區內。

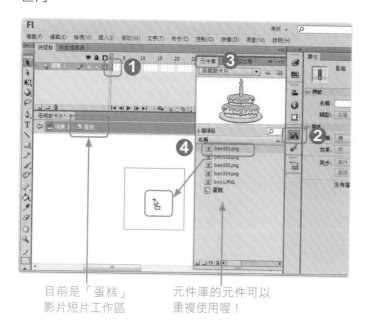

目前是「蛋糕」
影片短片工作區

元件庫的元件可以
重複使用喔！

Step 5 指定圖片的位置為【X：-70，Y：-70】。

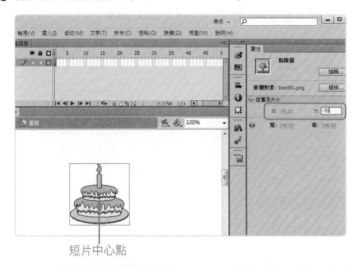

短片中心點

>> 小提示

舞台及圖片的左上角座標為（0,0）；影片短片的中心點十座標為
（0,0）。

Step 6 在第2影格上按下右鍵，再點選【插入空白關鍵影格】指令。（有
關鍵影格才能插入圖片喔！）

Step 7 以步驟4和步驟5的方法，將【beo002.png】拖曳至短片編輯區
內，然後調整圖片位置為【X：-70，Y：-70】。

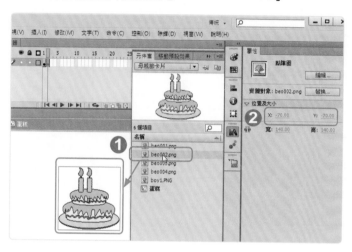

Step 8 以相同方法分別將【beo003.png】和【beo004.png】插入第3、4
影格，然後按下【場景1】回到主場景。

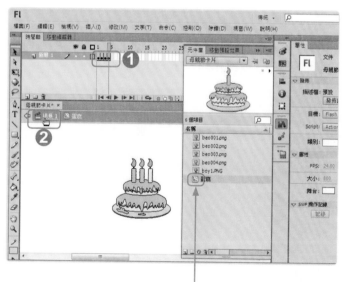

建立的影片片段

Step 9 點選「蛋糕」圖層的第1影格，然後拖曳元件庫面板上的【蛋糕】影片片段至舞台上，然後測試影片。

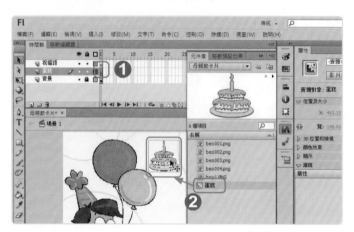

編輯影片片段

　　測試影片時，發現「蛋糕」動畫播放速度太快了。接下來，就來編輯「蛋糕」影片片段。

Step 1 按下 【移動預設效果】鈕，再點選【元件庫】標籤頁，然後快按二下【蛋糕】影片片段圖示。

Step 2 在第1影格上按下右鍵，然後點選【插入影格】指令。

Step 3 以相同的方法調整其他關鍵影格的間距，使得動畫速度變慢，然後按下【場景1】回到主場景。

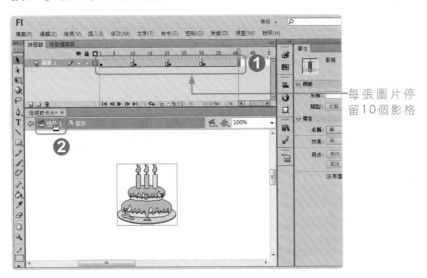

每張圖片停留10個影格

>> 小技巧

1. 「蛋糕」影片片段的作法，就是類似傳統卡通影片的製作原理，也就是標準的「逐影格」動畫。

2. 若是要減緩動畫播放的速度，可以插入適當的影格數來延長關鍵影格停留的時間。

製作祝福語動畫

接下來，我們將繼續利用「逐影格」動畫的原理，建立一個「打字」效果的文字動畫。

Step 1 點選「祝福語」圖層的第1影格，接著鍵入【親愛的媽咪祝您母親節快樂】（樣式自訂），然後點選功能表上的【修改→打散】指令。

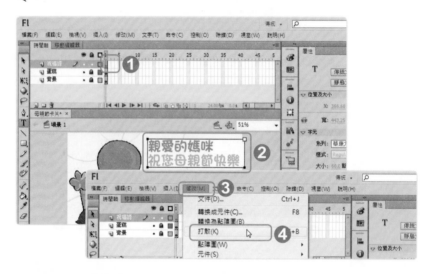

Step 2 拖曳文字框以調整文字的位置。

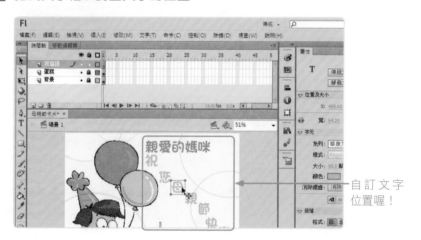

自訂文字位置喔！

Step 3 在「祝福語」圖層的第2~12影格插入【關鍵影格】;「蛋糕」及「背景」圖層的第12影格插入【影格】。

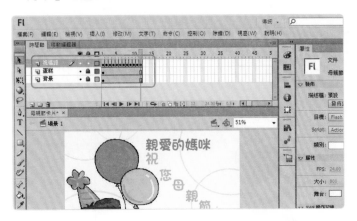

Step 4 點選「祝福語」圖層的第1影格,然後刪除其他文字僅留下【親】這個字。點選第2影格,然後刪除其他文字僅留下【親】和【愛】這兩個字。

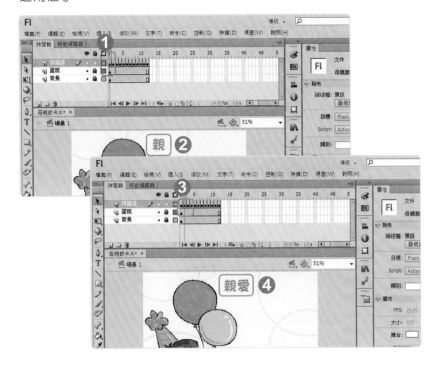

Step 5 以步驟5和步驟6的方法刪除其他影格上的文字，然後直接拖曳播放
指標，瀏覽文字動畫是否流暢，接著測試動畫效果。

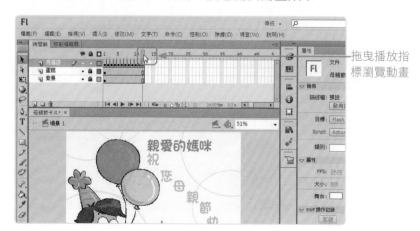

拖曳播放指
標瀏覽動畫

　　預覽動畫時，你是不是已經發現文字動畫的播放速度宛如噴射機般快
速，要如何調整呢？請您動動腦囉，自己調整囉！

文字動畫速度太快了，調整一下囉！

插入祝福語音效

在電子賀卡上，如果能加入親自錄製的祝福，是不是更加溫馨呢？現在就請您拿起麥克風，然後點選【開始→所有程式→附屬應用程式→錄音機】指令，開啟 Windows 錄音程式，錄製一段祝福語，然後儲存檔案。

錄製完成後，先儲存檔案再依下列步驟，將聲音檔案插入到 Flash 動畫上。

Step 1 新增一個【祝福音效】圖層，然後點選第1影格，再點選功能表上的【檔案→匯入→匯入至元件庫】指令。

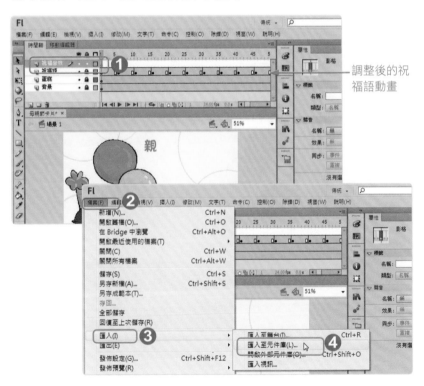

調整後的祝福語動畫

Step 2 點選【素材\ch06\祝福.wav】聲音檔案，然後按下【開啟舊檔】。

Step 3 點選【祝福.wav】音效元件，然後再選取【串流】同步。

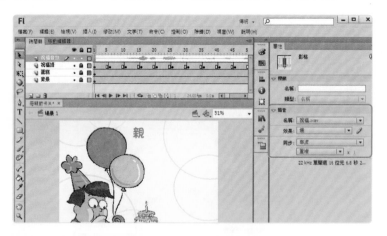

>> 小提示

「事件」類型的聲音播放與時間軸無關，而「串流」類型聲音播放長度，則與時間軸的影格數息息相關，你可以嘗試看看各種【同步】效果喔！

6-3 聖誕節卡片輕鬆做

在 Flash 動畫的製作過程中，讓形狀或圖片在舞台上隨著時間變更位置、旋轉、扭曲及大小而產生的動畫效果，我們稱它「補間動畫」。在這一節的範例中，我們將結合「逐影格動畫」和「傳統補間動畫」的技巧來製作聖誕節動畫卡片。

開啟新檔案

Step 1 開啟新檔案並設定影片大小為【700×500】，接著新增【背景】、【標題】、【人物】和【星星】圖層。（檔名：聖誕節卡片。）

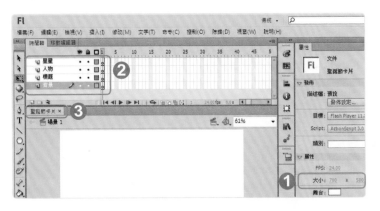

Step 2 點選「背景」圖層的第1影格，然後點選功能表上的【檔案→匯入→匯入至舞台】指令。

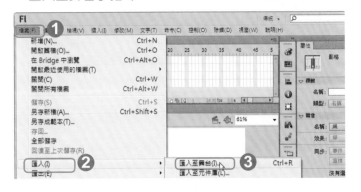

Step 3 點選【素材\ch06\nature_04.jpg】，然後按下【開啟舊檔】。

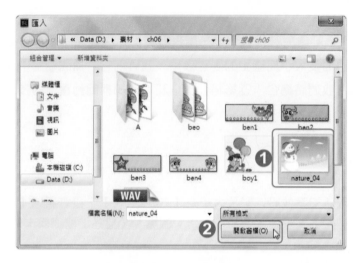

Step 4 在屬性面板中指定圖片的位置與大小分別為【0，0】和【700，500】，然後鎖定背景圖層。

建立傳統補間動畫

◉ 文字由上而下移動

Step 1 點選「標題」圖層的第1影格,然後在舞台上緣插入【聖誕佳節快樂】的文字。

Step 2 在「標題」圖層及「背景」圖層的第60影格分別插入【關鍵影格】與【影格】。

Step 3 在「標題」圖層的影格上按下右鍵，然後點選【建立傳統補間動畫】指令。

Step 4 點選【標題】圖層的第60影格，然後拖曳文字框至舞台下緣，這樣就完成由上而下飛翔的傳統補間動畫。（測試影片看看囉！）

● 文字飛翔效果

前面建立的文字效果，似乎不能滿足我們的需求，現在請按下功能表上的【編輯→還原】指令數次恢復到原來狀態，再依下列步驟完成「文字飛翔效果」。

Step 1 在「標題」圖層及「背景」圖層的第120影格分別插入【關鍵影格】與【影格】。

Step 2 在「標題」圖層的影格上按下右鍵，再點選【建立傳統補間動畫】指令。

Step 3 按下 ◀【向左捲動】鈕調整時間軸檢視位置，接著點選「標題」圖層第1影格，再按下 █【自由變形工具】鈕並拖曳控點調整文字元件的大小，然後點選【Alpha】顏色效果，再拖曳滑桿調整透明度。

Step 4 點選「標題」圖層第120影格，然後用相同方法調整文字元件的大小與顏色透明度。（和步驟3相同設定值喔！）

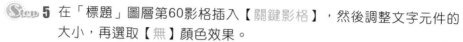

動畫卡片 *DIY* Chapter **6**

Step 5 在「標題」圖層第60影格插入【關鍵影格】，然後調整文字元件的大小，再選取【無】顏色效果。

在傳統補間動畫的行進過程中，還可以設定物件旋轉的次數與速度。接下來就來設定「標題」文字，在第1影格和第60影格間旋轉的次數。首先點選「標題」圖層的第1~60間的任一影格，然後在「屬性」面板中點選【順時針或逆時針】旋轉，並指定旋轉的次數。

編輯加減速

閃爍的星光

　　「傳統補間動畫」除了可以建立在主場上，還可以建立在「影片片段」中，接下來將利用「傳統補間動畫」的技巧，建立閃爍星光的影片片段，來豐富影片的內容。

● 建立星光影片片段

Step 1 點選功能表上的【插入→新增元件】指令，然後輸入【星光1】並點選【影片片段】，再按下【確定】。

Step 2 按下 □【矩形工具】鈕再點選【多邊星形工具】。

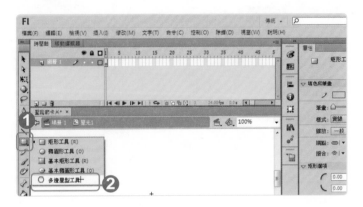

Step 3 按下【選項】，接著點選【星形】樣式並指定邊數為【5】，然後按下【確定】。

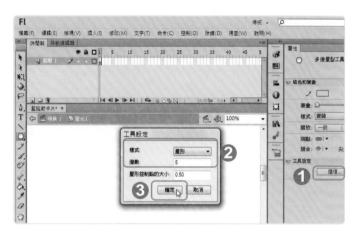

Step 4 選取 【無】筆畫色彩及一種填充顏色，再從＋字中心點拖曳滑鼠繪製星形。接著在第10影格插入【關鍵影格】，然後在中間影格處按下右鍵並點選【傳統補間動畫】指令。

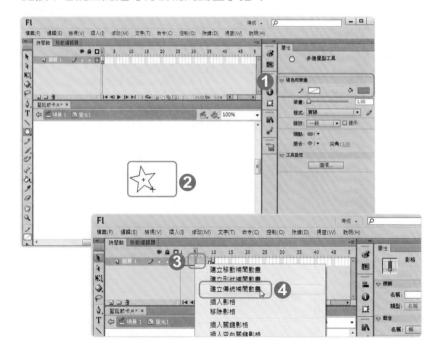

Step 5 先點選第10影格再點選圖片,然後點選【色調】顏色效果並拖曳滑桿調整圖形顏色(自訂),最後按下【場景1】。

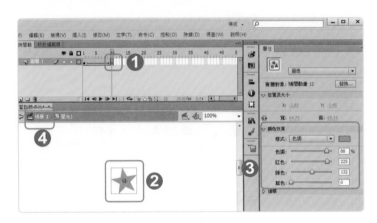

● 複製星光元件

Step 1 開啟元件庫面板,接著在【星光1】元件上按下右鍵並點選【重製】,然後輸入【星光2】再按下【確定】。(可多複製幾個喔!)

Step 2 快按二下【星光2】圖示，進入「星光2」元件工作區。

Step 3 點選第1影格，再按下 【自由變形工具】鈕，接著調整圖片大小與角度，再指定顏色效果。用相同方法繼續修改第10影格的圖形，然後按下【主場景1】。

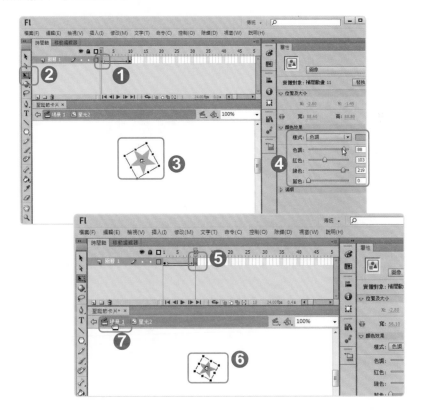

● 插入星光影片片段

Step 1 點選「星星」圖層的第1影格，然後拖曳【星光1】和【星光2】等元件至舞台上，位置及數量自訂。

Step 2 在第20影格插入【空白關鍵】影格，然後再增減星光的數量及調整位置。

Step 3 用相同的方法插入關鍵影格或空白關鍵影格，然後增刪星星數目與
位置。還可以建立傳統補間動畫，製作流星的效果。

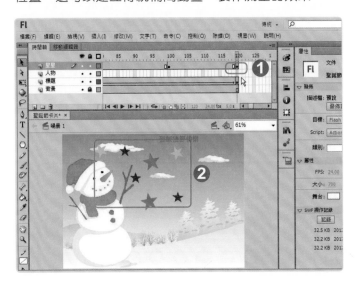

>> 小技巧

1. 影片片段可以作為建立傳統補間動畫的元件，影片片段的內容可以
用逐影格動畫及補間動畫來呈現內容。

2. 元件庫的元件可以重複使用在主場景或是影片片段內。

課後練習

1. 開啟「廣告霓虹燈」檔案，接著新增「標題2」圖層，並從第26影格建立【八折大優待】的動畫，然後另存新檔為【廣告霓虹燈（完成）】。（提示：先在「標題2」圖層的第26影格插入【空白關鍵影格】，再鍵入文字。）

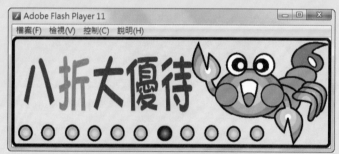

2. 開啟「聖誕節卡片」檔案，再將「素材\ch06\A」資料夾內的圖片建立成「人物」影片片段，接著拖曳至舞台上，製作向左奔馳的效果。然後另存新檔為【聖誕節卡片（完成）】。（提示：先建立「人物」短片，再建立向左移動的補間動畫。）

Chapter 7

宣導影片輕鬆做

❋ 導引線動畫的應用

❋ 移動補間動畫的應用

❋ 遮色片動畫的應用

❋ 建立互動式按鈕

7-1　跑馬燈製作

　　Flash CS6提供「導引線」功能，讓你能精確掌握物件移動的路徑，以製作多樣化的動畫影片。在這一節中，將利用「導引線」及「gif」動畫圖片，建立一個跑馬燈效果的動畫影片。

使用 gif 動畫圖

◉ 開啟新文件

Step 1 開啟新文件，影片大小為【600×150】，接著儲存檔案，檔名為【跑馬燈】。

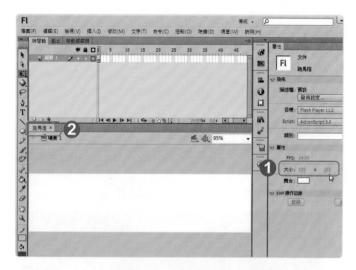

Step 2 按下 □ 【新增圖層】鈕二次，新增二個圖層，然後由下而上重新命名為【背景】、【鴿子】和【標題】。

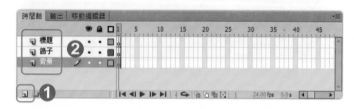

Step 3 點選【背景】圖層第1影格，然後點選功能表上的【檔案→匯入→匯入至舞台】指令。

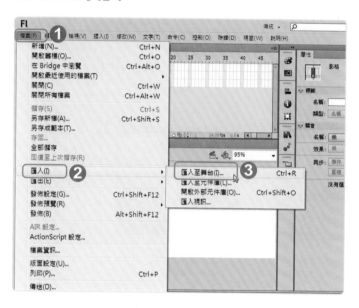

Step 4 點選【素材\ch07\橫幅6.jpg】，再按下【開啟舊檔】。

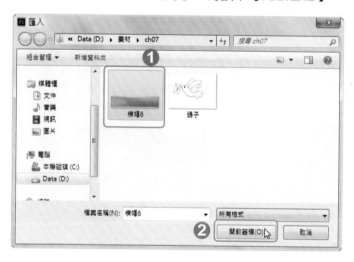

Step 5 先點選圖片，再指定圖片大小為【寬：600，高：150】，然後按下滑鼠左鍵鎖定「背景圖層」。

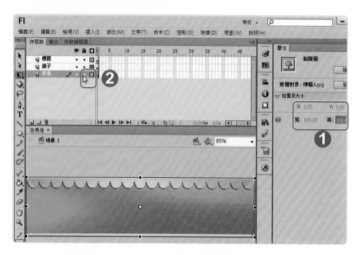

● 匯入 GIF 動畫圖

Step 1 按下功能表上的【檔案→匯入→匯入至元件庫】指令匯入圖片。

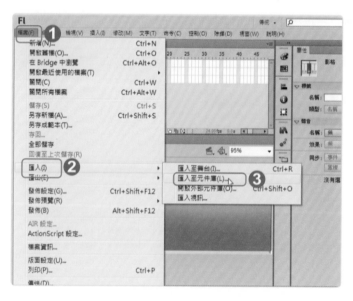

Step 2 點選【素材\ch07\鴿子.gif】圖片（此為動畫圖），再按下【開啟舊檔】。

Step 3 按下 【元件庫】鈕，然後快按二下【元件1】名稱插入游標，接著修改元件名稱為【鴿子】。

按下可播放
影片片段

>> 小技巧

1. gif動畫類型的圖片匯入至元件庫後，會自動轉換成 「影片片段」及 靜態圖片。若是匯入舞台則會自動在時間軸建立動畫。

2. 快按二下「元件名稱」可修改名稱內容；快按二下 圖示，則進入影片片段編輯工作區。

Step 4 點選【鴿子】圖層的第1影格，然後拖曳【鴿子】影片片段至舞台上。

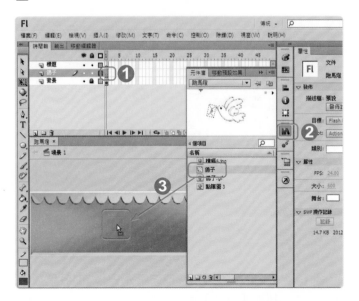

Step 5 按下 【自由變形工具】鈕，接著拖曳控點調整圖片大小，然後將圖片拖曳至舞台右側，再按下 Ctrl 鍵和 Enter 鍵測試影片喔。

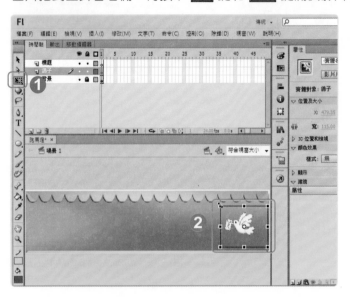

建立導引線動畫

建立傳統補間動畫

Step 1 分別在「鴿子」與「背景」圖層的第120影格插入【關鍵影格】及
【影格】。

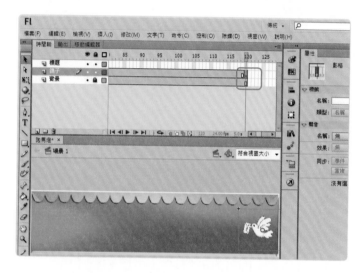

Step 2 在「鴿子」圖層的中間任一影格上按下滑鼠右鍵，然後點選【建立
傳統補間動畫】指令。

● 增加移動導引線

Step 1 在「鴿子」圖層名稱上按下右鍵，然後點選【增加移動導引線】指令。

Step 2 先點選「導引線」圖層的第1影格，再按下 ✏️ 【鉛筆工具】鈕，然後在舞台上拖曳滑鼠繪製鴿子飛翔的路線。

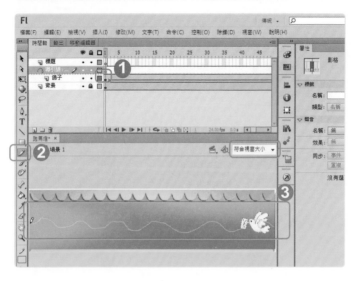

Step 3 按下 ▶ 【選取工具】鈕，接著點選「鴿子」圖層的第1影格，然後拖曳鴿子元件使其【中心點○圈】貼齊導引線的起點位置。

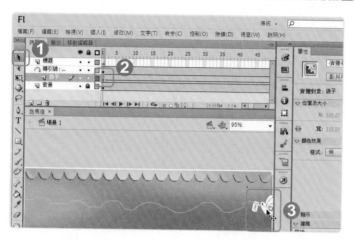

Step 4 點選「鴿子」圖層的第120影格，接著拖曳鴿子元件使其【中心點○圈】貼齊導引線的終點位置，然後拖曳 ▌【時間軸指標】測試動畫移動路徑是否沿導引線移動。

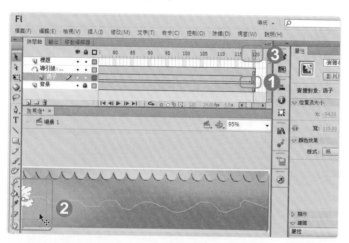

>> 小技巧

設定完成的導引線動畫，若是無法沿著導引線移動時，請檢查兩個關鍵影格上的物件（鴿子），其中心點的小圓圈是否在導引線上。

建立跑馬燈文字動畫

Step 1 在「標題」圖層的第20影格插入【空白關鍵影格】，然後在舞台的右側鍵入【飛鴿傳書 千里報佳音】等文字。（文字樣式自訂。）

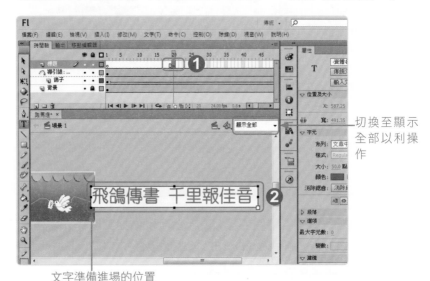

切換至顯示全部以利操作

文字準備進場的位置

Step 2 按下 【自由變形工具】鈕，然後拖曳控點調整文字物件的高度，以符合影片的大小。

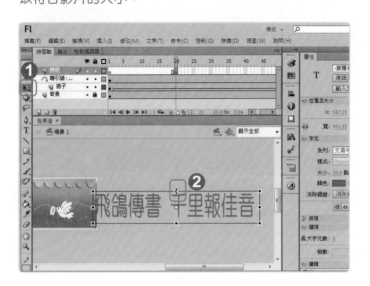

Step 3 分別在「標題」與「背景」圖層的第220影格插入【關鍵影格】及
【影格】。

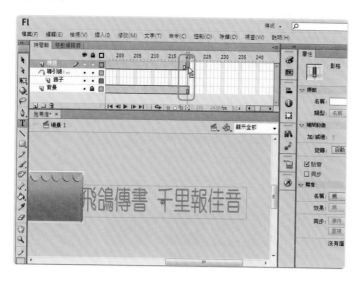

Step 4 在「標題」圖層的中間任一影格上按下滑鼠右鍵，然後點選【建立
傳統補間動畫】指令。

Step 5 點選「標題」圖層的第220影格，然後移動文字物件至舞台的左側邊緣處。（移動時可先點選文字物件，再利用 ← 鍵移動，動畫效果會比較順暢喔！）

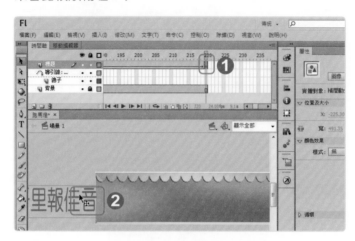

Step 6 點選【色調】顏色效果，並指定一種色彩，讓跑馬燈在移動時會產生變換顏色的效果。這樣就完成這個範例囉！

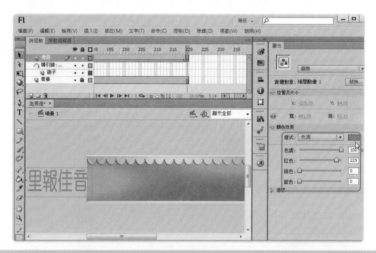

>> 小技巧

測試影片時，若發生鴿子和標題文字重疊的現象，可以同時將「標題」與「背景」圖層插入適當數量的影格，以調整標題動畫的速度。

7-2 探索海底世界

在這一節的範例中，將應用遮色片動畫與導引線動畫的特色，以及套用「色彩轉換」的功能，建立探索海底世界的動畫影片。

遮色片的意義

什麼是「遮色片」呢？簡單來說，把一張挖有洞的紙張放在眼前，然後透過這個洞來瀏覽前方的畫面或風景，就是「遮色片」的意義，而這一張紙就稱它為「遮色片」。在 Flash CS6這套軟體中，一般的形狀繪圖或文字都可以用來當作遮罩。如下圖：

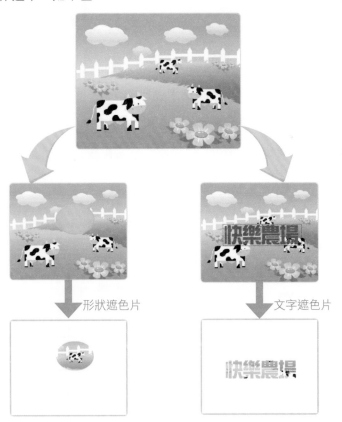

形狀遮色片　　　　　　　　　文字遮色片

探照燈效果

建立靜態燈光效果

Step 1 開啟新影片，影片大小為【600×550】，接著新增【背景】和【探照燈】圖層，然後儲存檔案，檔名為【海底世界】。

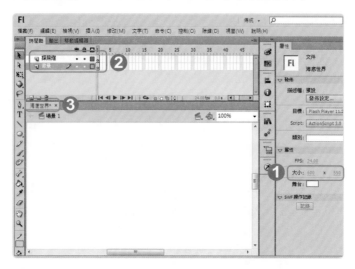

Step 2 點選「背景」圖層的第1影格，然後點選功能表上的【檔案→匯入→匯入至舞台】指令。

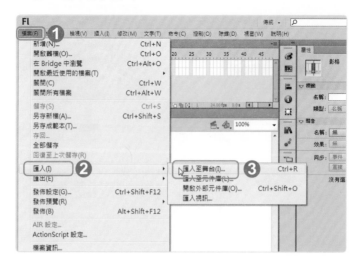

Step 3 點選【素材\ch07\海底.jpg】，然後按下【開啟舊檔】。

Step 4 先點選圖片，再指定圖片的位置為【0，100】、大小為【600×400】，然後按下左鍵鎖定圖層。

預留空間放置控制按鈕 　　　　預留空間放置主題動畫

Step 5 先點選「探照燈」圖層的第1影格，按下 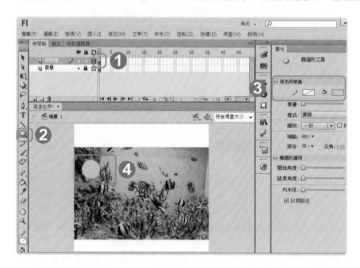【橢圓形工具】鈕，接著選擇【無筆畫顏色】、填色顏色自訂，然後繪製一個圓形。

Step 6 點選功能表上的【修改→轉換成元件】指令，接著輸入【探照燈】元件名稱並點選【圖像】類型，然後按下【確定】。

Step 7 在【探照燈】圖層名稱上按下滑鼠右鍵，然後點選【遮色片】指令，就完成「靜態」遮色片動畫。

Step 8 若暫時不顯示遮色片效果，可以按下 🔒 鈕解除鎖定背景圖層，再按一下鎖定圖層即可恢復。（這個動作不影響實際匯出的動畫效果喔！）

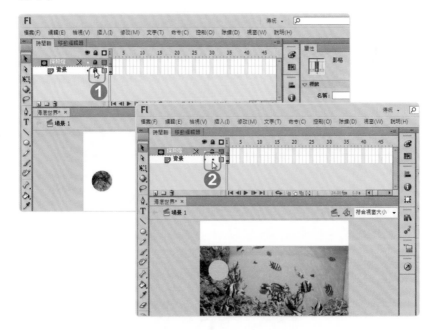

● 建立動態燈光效果

Step 1 在「背景」圖層和「探照燈」圖層的第250影格上插入【影格】，
接著解除鎖定「探照燈」圖層，然後以滑鼠右鍵點選「探照燈」圖
層的影格，再點選【建立移動補間動畫】指令。

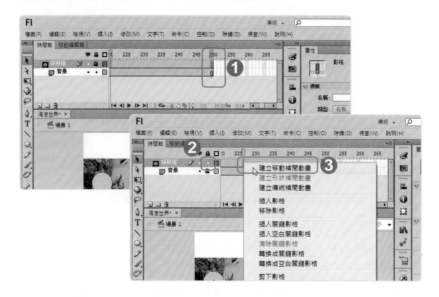

Step 2 點選「探照燈」圖層的第2影格，然後拖曳【探照燈】元件移動位
置（微調即可），以建立【屬性關鍵影格】，其圖示為◆。

Step 3　點選「探照燈」圖層的第30影格，然後拖曳【探照燈】元件移動位置，以建立【屬性關鍵影格】，接著拖曳軌跡節點修改軌跡路徑。

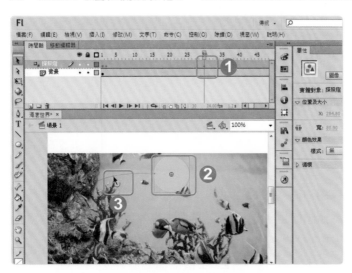

Step 4　用相同方法，在其他影格上建立【屬性關鍵影格】，就可以完成動態遮色片動畫。（第250影格也要建立【屬性關鍵影格】喔！）請你按下 Ctrl 鍵和 Enter 鍵測試影片效果囉！

動畫軌跡

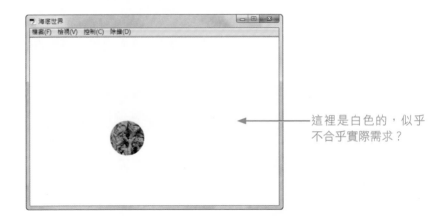

這裡是白色的，似乎
不合乎實際需求？

當您測試影片時，發現顯示的「遮色片」動畫效果，似乎不能滿足我們
的需求。因為我們的目標是要建立探照燈的效果，所以在沒有燈光照射的部
分，應該呈現較暗的背景圖片（非全黑的色彩喔！），要這樣才能解決這個
問題呢？現在請依下列步驟操作，來改善這個瑕疵。

Step 5 鎖定【探照燈】圖層和【背景】圖層，然後按下█【新增圖層】
鈕，新增一個圖層。

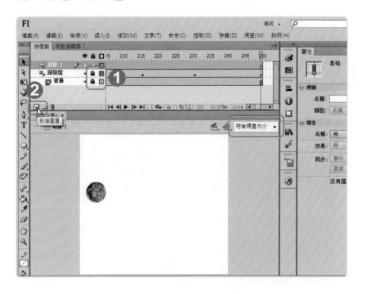

Step 6 拖曳【圖層3】圖層至「背景」圖層的【左下方】，然後修改圖層
名稱為【背景-暗】，接著隱藏【探照燈】圖層和【背景】圖層。

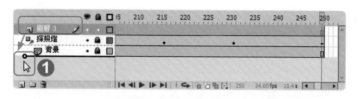

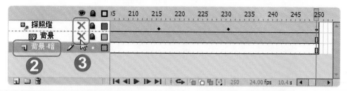

▶▶ 小提示

若將「圖層3」圖層拖曳至「背景」圖層的正下方，則「圖層3」圖層
會變成【已遮色片圖層】。

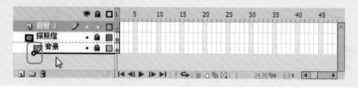

Step 7 點選【背景-暗】圖層的第1影格，然後按下 🔍【元件庫】鈕展開元
件庫面板並拖曳【海底.JPG】圖片至舞台。

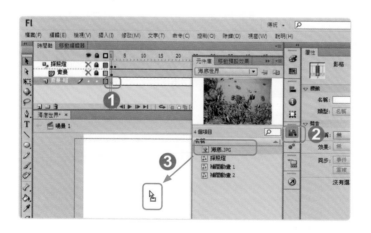

Step 8 先點選圖片，再指定圖片的位置為【0，100】、大小為【600×400】。（和7-15頁步驟4相同設定值）

Step 9 點選功能表上的【修改→轉換成元件】指令，然後輸入【背景-暗】名稱及選取【圖像】類型，然後按下【確定】。

Step 10 選取【亮度】樣式的顏色效果，再拖曳滑桿至【-80%】左右，讓圖片變暗。

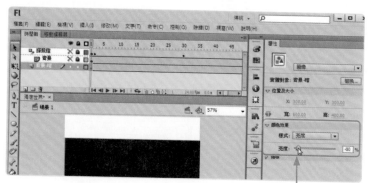

一般圖片要轉換成圖像元件才能設定喔

Step 11 在「背景-暗」圖層的第250影格插入【影格】，接著【鎖定】及【顯示】各個圖層。這樣就完成「探照燈」的動畫效果，接著測試影片囉！

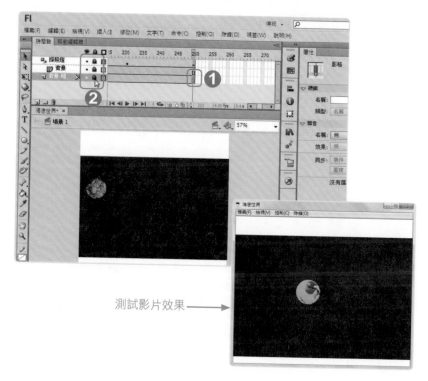

測試影片效果

製作霓虹燈標題文字

　　接下來，將利用「文字遮色片」的特性，建立閃爍霓虹文字的影片片段，然後將它套用到主場景中

Step 1 點選功能表上的【插入→新增元件】指令，接著輸入【霓虹燈】名稱及選取【影片片段】類型，再按下【確定】。

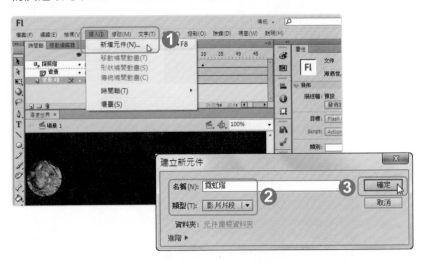

Step 2 新增【文字】和【矩形】圖層，接著點選「矩形」圖層的第1影格，然後繪製一個線性漸層色彩的矩形。（畫寬一點喔！）

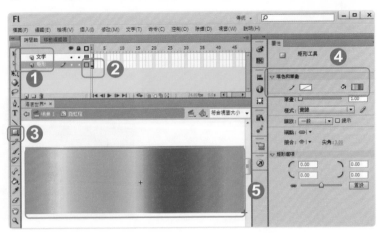

Step 3 點選「文字」圖層的第1影格,然後鍵入【探索海底世界】等標題文字,接著按下 ▣【自由變形工具】鈕,再拖曳控點調整大小及位置。

>> 小技巧

1. 如果你選用的字型非系統內建的,可按下 **內嵌字體…** 鈕,再按下【確定】,以便嵌入字型。

2. 文字元件的中心位置,對齊影片片段的十字中心點。

Step 4 在「文字」與「矩形」圖層的第40影格插入【影格】,接著點選「矩形」圖層任一影格,再點選功能表上的【插入→移動補間動畫】指令,然後按下【確定】。

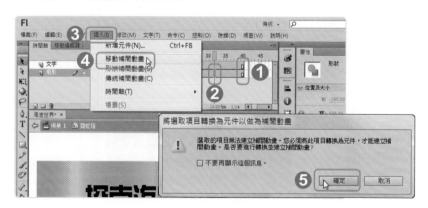

Step 5 點選【矩形】的第2影格,然後移動圖形位置以對齊文字左緣。再點選第20影格,然後移動圖形位置以對齊文字右緣。(使用鍵盤方向鍵移動。)

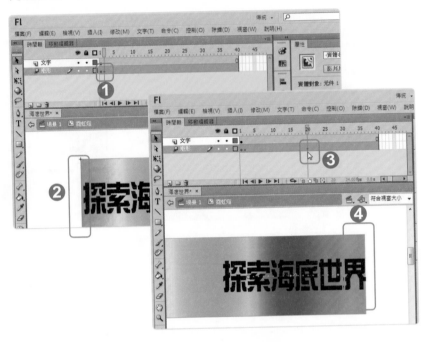

Step 6 點選【矩形】的第40影格,然後移動圖形位置以對齊文字左緣。

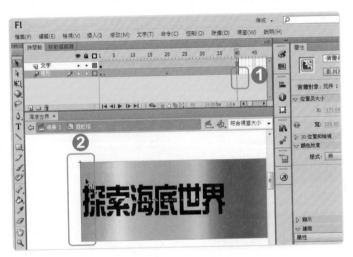

Step 7　以滑鼠右鍵點選【文字】圖層，再選取【遮色片】指令。然後按下
【場景1】返回影片工作區。

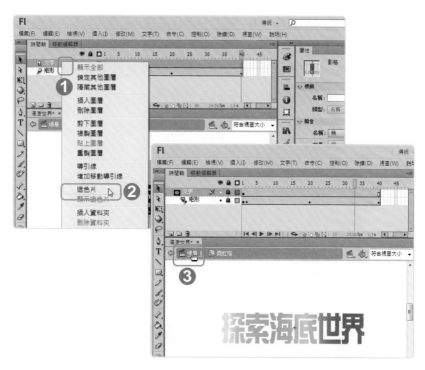

Step 8　在最上層新增【霓虹燈】圖層，然後拖曳【霓虹燈】影片片段至舞
台上方。

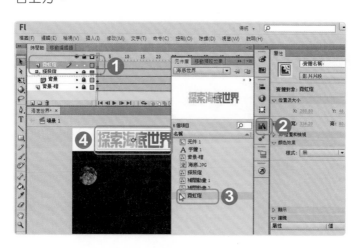

7-3　建立互動式按鈕

　　ActionScript 是 Flash 專用的程式語言，它可以讓 Flash 影片產生更多的效果，更重要的是能製作出互動性的動畫。ActionScript 可以控制時間軸、動畫物件、聲音物件、網頁超連結及使用資料庫等。在這一節中，將製作 Flash 按鈕，然後用按鈕來控制影片的播放。

製作圖片按鈕元件

Step 1　點選功能表上的【檔案→匯入→匯入至元件庫】指令。

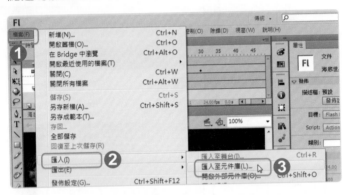

Step 2　以拖曳方式選取【素材\ch07\按鈕】內的圖片，再按下【開啟舊檔】。（也可以按住 Ctrl 鍵再點選多張圖片）

可用PhotoImpact
元件設計師自己製
作圖片喔！

Step 3 點選功能表上的【插入→新增元件】指令，接著輸入【Play】名稱
及選取【按鈕】類型，再按下【確定】。

Step 4 按下 🔼【元件庫】鈕，然後【play.png】拖曳至工作區中使圖片中
心貼齊＋字。

也可以在這裡輸入文字或繪製圖
形，自己設計製作按鈕樣式喔！

Step 5 分別在【滑入】與【按下】影格上插入【空白關鍵影格】，然後
以步驟5方式，將【play_over.png】與【play_down.png】新增至
【滑入】與【按下】影格上。

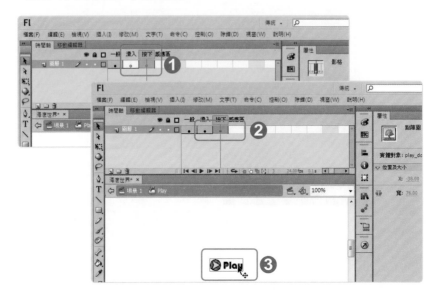

加入按鈕音效

Step 1 點選功能表上的【檔案→匯入→匯入至元件庫】指令。

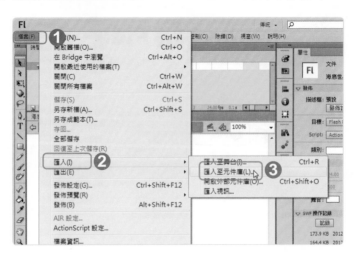

Step 2 以拖曳方式選取【素材\ch07\按鈕音效】內的音效，再按下【開啟舊檔】。

Step 3 按下 【新增圖層】鈕，新增一個圖層，接著在「按下」影格上插入【空白關鍵影格】。然後在屬性面板中，點選聲音檔案並選取【事件】同步。最後按下【場景1】完成按鈕製作。

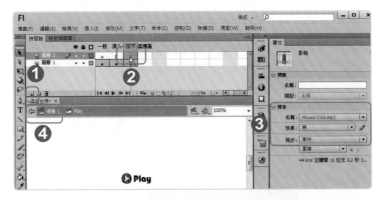

>> 小提示

用相同方法，將【素材\ch07\按鈕】資料夾內的圖片製作成stop與Go按鈕。

新增動作至影格

Step 1 點選【符合視窗大小】，再點選灰色區域（影片以外），接著選取
【ActionScript 2.0】，然後新增【動作】圖層。

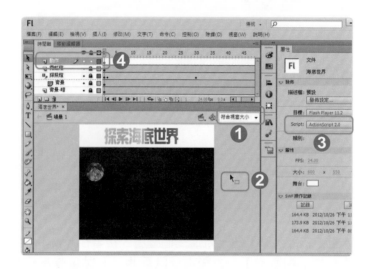

Step 2 點選「動作」圖層的第1影格，接著點選功能表上的【視窗→動
作】指令。

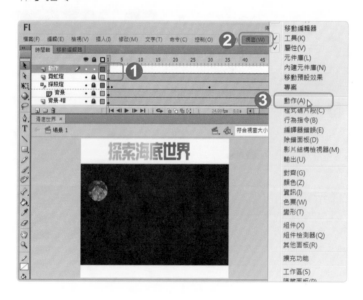

Step 3 快按二下【全域函數→時間軸控制項→stop】，加入【stop();】程式碼，讓影片一開始就停止。（請測試看看喔！）

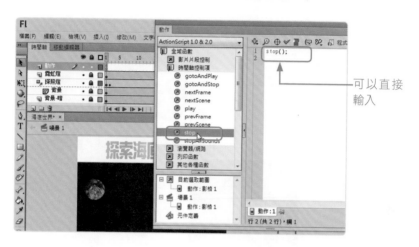

新增動作至按鈕

當您在「動作」圖層的第1影格加入【stop();】程式碼後，測試影片時，你會發現影片中的「探照燈」已經無法移動。因為目前影片停留在第1影格，接下來我們要利用按鈕來控制影片的播放。

Step 1 先鎖定「動作」圖層，然後新增【按鈕】圖層。

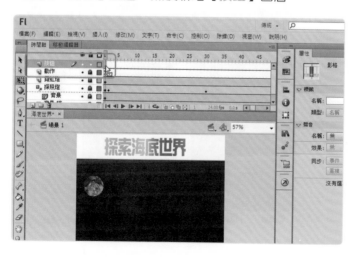

Step 2 展開元件庫面板,然後將【play】、【stop】和【Go】按鈕元件拖曳至舞台下方並調整大小。

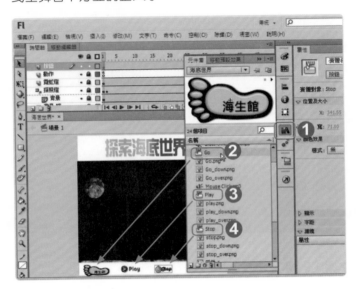

Step 3 點選【play】按鈕,然後在「動作」面板中,快按二下【全域函數→影片片段控制→on】,再快按二下【release】或【press】。

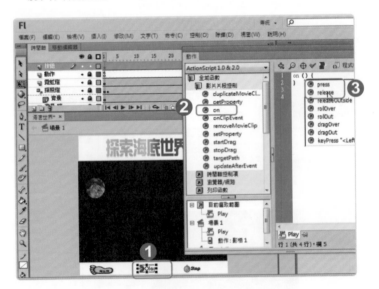

Step 4 快按二下【全域函數→時間軸控制項→play】插入【play();】程式碼，即可完成按鈕動作設定。

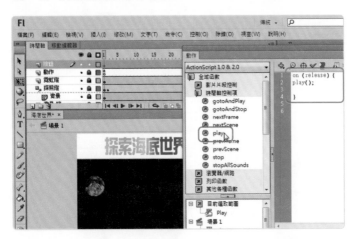

Step 5 用相同方法設定【stop】和【Go】按鈕程式碼，這樣就完成這個範例囉！

程式碼如下：（也可以直接輸入程式碼）

GO按鈕程式說明：

1. 當按下按鈕並放開滑鼠後，在新的瀏覽器視窗中開啟指定的網頁。

2. getURL 的語法說明：

    語法：getURL(URL,windows,variables)

    參數：

        URL：網址或網路上檔案資料的路徑。

        windows：瀏覽器開啟網頁的方式，其參數有「_sel f」(現有視窗)、「_blank」(新視窗)、「_parent」(上一層)等。

        variables：變數資料傳送的方式，其參數有GET和POST兩種。

課後練習

1. 開啟「跑馬燈」檔案,接著新增「標題2」圖層及建立「天涯共一線」
   的標題文字,並且建立由右向左移動的動畫效果。(提示:適度調整
   影格數的長度,以避免標題文字重疊。)

2. 利用【素材\ch07\舞台.pn】圖片,製作動態探照燈的舞台秀動畫效
   果。(提示:影片大小為700×500,操作方法參考7-2節。)

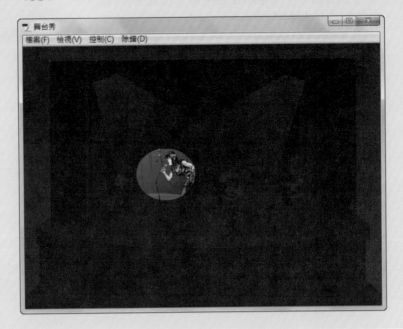

Chapter 8

輕鬆建立網站

* 認識 Dreamweaver CS6視窗介面
* 規劃網站架構
* 新增與管理網站
* 匯出網站設定

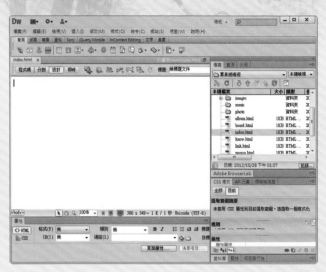

8-1 認識 Dreamweaver CS6

Dreamweaver CS6 是一套多媒體網頁編輯軟體，它提供所見即所得的視覺化編輯功能，讓你能輕鬆製作與架設專業級網站。現在就來熟悉它的視窗操作介面。

啟動 Dreamweaver CS6

Step 1 按下 【開始】鈕，再點選【所有程式→Adobe→Adobe Dreamweaver CS6】啟動軟體。

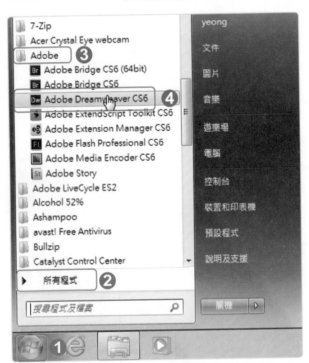

Step 2 在「歡迎畫面」視窗中,點選【新增】項目下要建立的檔案類型開啟新文件。現在請點選【HTML】文件類型,開啟新文件視窗。

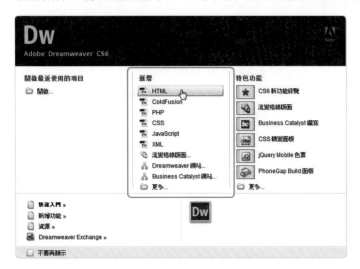

Step 3 按下 設計師 鈕,再點選【傳統】類型,以切換至「傳統」工作區。

設計師工作區面板

認識 Dreamweaver CS6 視窗介面

Dreamweaver CS6 預設的工作區面板是「設計師」工作區面板，你可以依個人需求切換至不同的工作面板。本課程將以「傳統」工作區面板來說明操作步驟。現在就先來認識「傳統」工作區面板。

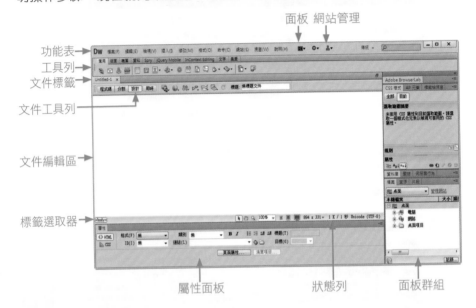

視窗介面操作

現在請依下列步驟操作，來熟悉 Dreamweaver CS6 視窗介面的操作方法，以便讓你快速上手。

Step 1 快按二下【屬性】面板名稱，可收合或展開屬性面板。

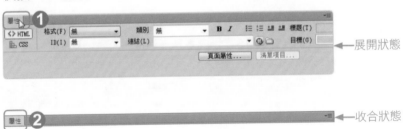

Step 2 快按二下【檔案】面板名稱，可收合或展開檔案面板。

Step 3 按下 ►► 【收合成圖示】鈕收合面板群組，再按下 ◄◄ 【展開面板】
鈕展開群組面板。

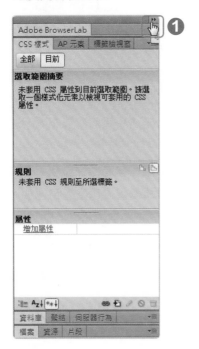

8-2　建置我的網站

　　網站建置的準備工作是否完備，是網站建置能否成功的重要因素之一。因此在建置網站之前，必須先瞭解整個工作流程，哪一個階段該準備哪些資料、素材或取得哪些資訊？這樣可以讓你在建置的過程中，更加得心應手。如此一來，就能建構出精彩且內容豐富的網站。

網站建置流程

建 置 的 流 程	準 備 工 作
1.選定網站主題	先擬定網站主題，可以是個人、班級或是研究專題（探索自然、地方民俗與人文藝術等）的網站。
2.規劃網站內容	確定網站主題後，開始規劃網站要呈現哪些內容，例如，圖片、聲音、文件內容等。
3.繪製網站架構圖	根據網站內容規劃網站架構，並繪製網站架構圖，以利網站間的內容連結及網頁製作的進行。
4.申請網頁空間	向學校或是在網路上申請免費的網頁空間，並取得遠端網站的資訊（主機名稱、帳號、密碼等）。
5.資料的蒐集與整理	根據架構圖蒐集要呈現在網站上的資料，如文件、照片、各類作品等，再將資料做適當的整理或是用掃描器、數位相機等工具轉換為數位檔案。
6.編輯網頁	選用合適的網頁編輯軟體，來編製網頁內容。
7.測試網頁	網頁內容編輯完成後，開始瀏覽並檢查網站相關連結是否順暢。
8.發佈網站	將完成以後的網頁上傳至遠端的網站主機。
9.定期更新網頁內容	網站內容必須隨時更新，這樣才能吸引更多網友來瀏覽我們辛苦製作的網站。

取得網站資訊

網頁完成以後，接下來就是將網站內容發佈到網際網路上。你可以在網路上尋找一些免費的網頁空間或是向學校申請網頁空間。一般學校大都以 Linux、FreeBsd等系統架設網站伺服器，提供師生網頁空間及電子郵件的服務。下面就以一般學校為例，假設你的Email帳號是 s990601@student.gotop.edu.tw，那麼你的遠端網站資訊，如下表所示：

網 站 資 訊	
主機名稱	student.gotop.edu.tw或是 163.20.166.5（此為主機IP）
上傳目錄	www（也有可能是public_html或home；如果不確定HTML的目錄，可以詢問老師或是系統管理員。）
使用者名稱	s990601（假設就是你的帳號）
密碼	＊＊＊＊（通常和收發E-mail的密碼相同）
URL	http://student.gotop.edu.tw/~s990601 （這就是你的網址）

如果家裡是使用中華電信公司的ADSL上網，那麼你就可以到Hinet申請免費的網頁空間，網址是 http://www.myweb.hinet.net。其設定如下：

Hinet 的 網 站 資 訊	
主機名稱	ftp.myweb.hinet.net
上傳目錄	省略（不需填寫）
使用者名稱	你申請的帳號
密碼	＊＊＊＊
URL	http://帳號.myweb.hinet.net （這就是你的網址）

規劃網站架構

確定網站主題後，接著開始規劃網站上要呈現哪些資料，然後繪製網站架構圖，及資料夾與檔案名稱，以利網站的建置與管理。請參考以下作法，開始你的網站囉！

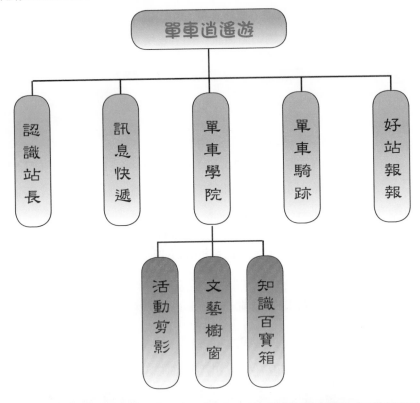

資料夾或檔案名稱	說　　明
<images>	存放美工插圖
<photo>	存放照片
<flash>	存放flash動畫
index.html	網站首頁
person.html	認識站長
board.html	訊息快遞

新增網站

　　在利用 Dreamweaver CS6建置新網站之前，請在你的電腦內新增一個資料夾做為網站的根目錄（本課程以 www 為網站根目錄）。然後依下列步驟操作建置網站雛形。

Step 1 點選功能表上的【網站→新增網站】指令。

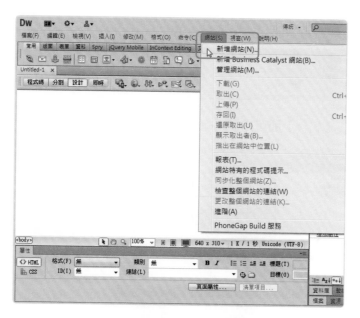

Step 2 輸入【單車逍遙遊】等名稱，再按下📁【瀏覽資料夾】鈕。

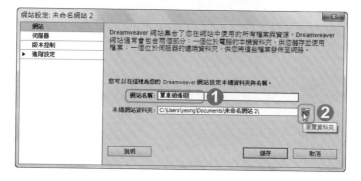

Step 3 點選【www】或其他資料夾，再按下【選取】。

Step 4 按下【儲存】即可完成新增網站的動作。

新增的網站

>> 小提示

「網站名稱」與後續製作網站內容無關，不會將名稱上傳至遠端伺服器，因此可以自訂名稱，中英文名稱皆可。未避免遠端伺服器不支援中文名稱，除了網站名稱可採用中文外，【檔案及資料夾名稱】都應使用英文名稱。

編輯網站定義

◯ 修改網站定義

新增網站後,你可以隨時修改網站定義的內容。接下來,我們將要進一步設定預設影像資料夾、遠端伺服器等相關資訊。

Step 1 點選功能表上的【網站→管理網站】指令。

Step 2 點選要修改的網站,再按下 【編輯目前選取的網站】鈕。

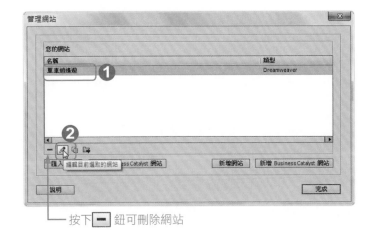

└─ 按下 ━ 鈕可刪除網站

Step 3 若需修改網站名稱或資料夾，可自行修改。然後點選【伺服器】項目，再按下 ✚【新增伺服器】鈕，指定遠端伺服器相關資訊。

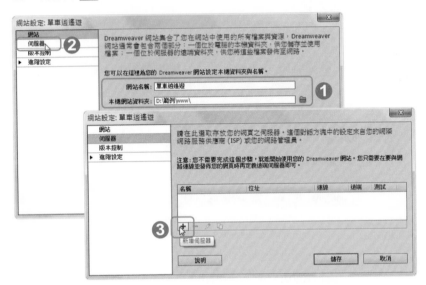

Step 4 自訂伺服器名稱，接著輸入伺服器的FTP位址、使用者名稱（也就是帳號）及密碼，再按下【測試】，然後按下【確定】。

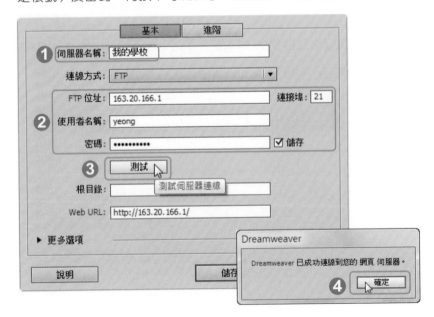

Step 5 輸入根目錄【www/】及你的網站位址【http://伺服器位址/~帳號】，然後按下【儲存】（每一伺服器的設定都不太相同，可詢問網站管理員喔！）

```
                    基本          進階

    伺服器名稱： 我的學校

     連線方式： FTP                      ▼

     FTP 位址： 163.20.166.1            連接埠： 21

   使用者名稱： yeong

       密碼： ●●●●●●●●●            ☑ 儲存

              測試

      根目錄： www/                         ❶
     Web URL： http://163.20.166.1/~yeong/

   ▼ 更多選項
       ☑ 使用被動 FTP
       ☐ 使用 IPV6 傳送模式
       ☐ 使用 Proxy，如同以下項目所定義： 偏好設定
       ☑ 使用 FTP 效能最佳化
       ☐ 使用替代的 FTP 移動方法

      說明              儲存    ❷  取消
```

>> 小提示

按下 ▶ 更多選項 展開面板，「使用被動FTP」及「使用FTP效能最佳化」的選項維持勾選狀態，其餘視需求自行勾選。

◯ 網站進階設定

Step 1 點選【進階設定】，然後按下 🔲【瀏覽資料夾】鈕指定預設影像資料夾位置為【www\images】（可事先在www資料夾內新增【images】子資料夾）。

Step 2 點選【遮罩】並勾選【啟動遮罩】與【遮罩有以下副檔名的檔案】，以及指定【.fla .psd .ufo】類型檔案，再按下【儲存】，然後按下【確定】。

發佈網站時這類型檔案將不會被上傳。

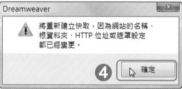

8-3 管理網站檔案

網站新增完成後，你就可以把這個網站交給 Dreamweaver 來管理，無論是新增、刪除、編輯、搬移檔案或資料夾，都可以透過「檔案」面板來處理。除了能管理本地網站外，也可以檢視遠端網站內容及同步更新本機與遠端網站的內容。

認識「檔案」面板

現在就先來認識「檔案」面板的各部名稱：

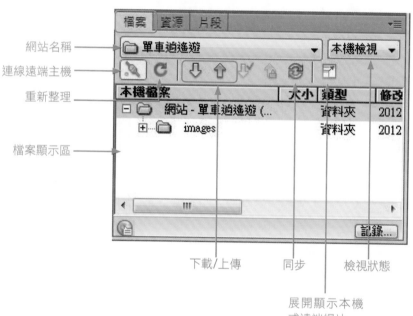

網站名稱

連線遠端主機

重新整理

檔案顯示區

下載/上傳　　　　同步　　　檢視狀態

展開顯示本機
或遠端網站

新增資料夾與網頁文件

● 新增資料夾

網站資料應該分類存放，以利日後網站的管理。因此我們將利用「檔案」面板新增 images、flash、photo、music 與 doc 等資料夾，來存放網站素材。（請勿用中文名稱喔！）

Step 1 在網站名稱上按下右鍵，再點選【新增資料夾】指令。

Step 2 輸入【flash】等資料夾名稱，然後按下 Enter 鍵。

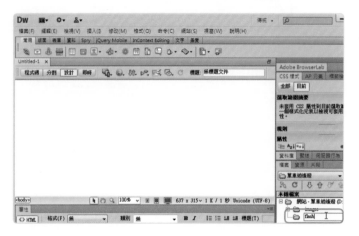

Step 3 用相同方法新增 photo、music 與 doc 等資料夾。

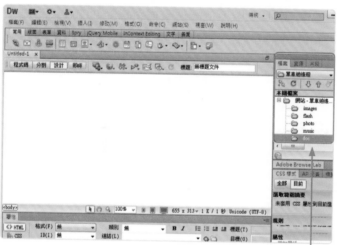

拖曳檔案面板至上方，
方便檢視操作步驟。

Step 4 以滑鼠右鍵點選【images】資料夾，再選取【新增資料夾】指令新
增【button】和【title】子資料夾。

● 新增網頁文件

　　接下來，依據第8-8頁規劃的網站架構新增網站的網頁文件，如：網站首頁（index.html）、訊息快遞（person.html）等

Step 1 在網站名稱上按下右鍵，再點選【開新檔案】指令，然後輸入【index.html】再按下 Enter 鍵。

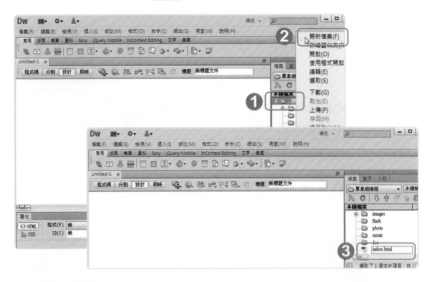

Step 2 用相同方法新增【person.html】和【board.html】等網頁文件文件。

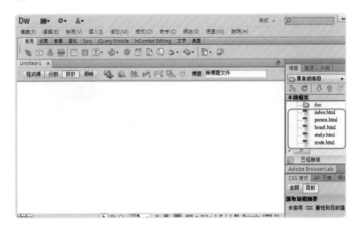

匯出網站設定

　　由於學校的電腦都有安裝還原系統，每當重新開機或是電腦當機後，在
Dreamweaver上定義的網站資料就會消失。因此你可以將定義的網站資料匯
出，有需要時再匯入，就不需要每次都要重新定義。不過要特別強調的是，
這個匯出的動作只會保留網站設定資料，其他如網頁文件、圖片等網站資料
並不會一併匯出，所以網站資料（www資料夾）你必須記得自行做備份喔！

Step 1 點選功能表上的【網站→管理網站】指令。

Step 2 點選要匯出的網站，再按下 【匯出目前選取的網站】鈕，接著點
選【備份我的設定】，再按下【確定】。最後指定儲存的資料夾位
置，再按下【存檔】。

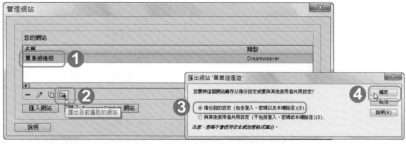

課後練習

1. 參考課本第8-8頁範例網站的架構圖，繪製你個人的網站架構圖。（提示：網頁文件名稱及網站資料夾也要一併規劃。）

2. 新增你個人的網站，並根據習題1繪製的架構圖，新增網站的網頁文件及資料夾，最後匯出網站設定。

Chapter **9**

編輯網站首頁

9-1 建立頁框組首頁

　　使用頁框的目的，是為了讓同一個瀏覽器視窗能同時顯示兩個或更多文件的方法。而這個瀏覽器視窗會分為兩個或兩個以上的分割區，每一個分割區可顯示不同的文件，彼此是獨立且不受干擾的。（當然一次只能顯示一份文件。）

認識頁框組

　　下圖是最簡單的頁框組，將視窗分成左右兩個頁框。通常左頁框是顯示超連結的清單，右頁框是顯示超連結的文件內容。當我們按下左頁框內的超連結選單，右頁框就會顯示超連結的文件內容

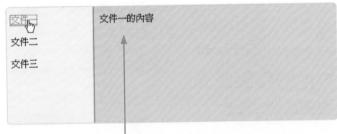

按下左邊按鈕，資料內容會顯示在右頁框。

　　接下來，本範例將以「頁框組」方式來建構網站的首頁，頁框組內各頁框的名稱及預設網頁文件規劃如下：

```
┌─────────────────────────────────────┐
│        topFrame（top.html）          │
├──────────┬──────────────────────────┤
│          │                          │
│ leftFrame│   mainFrame（main.html） │
│(left.html)│                         │
│          │                          │
└──────────┴──────────────────────────┘
```

匯入網站設定

如果你的電腦有還原系統,在第八章建立網站設定已消失,請先將網頁資料夾(www)複製到原來的位置,然後依下列步驟匯入你的網站設定。

Step 1 啟動 Dreamweaver CS6 軟體,然後點選【HTML】。

Step 2 點選功能表上的【網站→管理網站】指令。

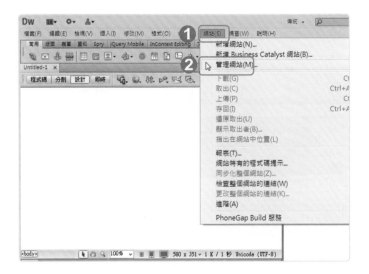

Step 3 按下【匯入網站】。

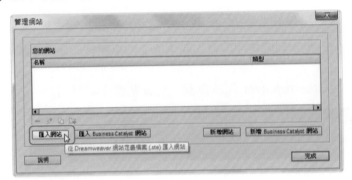

Step 4 指定檔案儲存的位置，再點選【單車逍遙遊】或其他網站，接著按下【開啟舊檔】，最後按下【完成】。

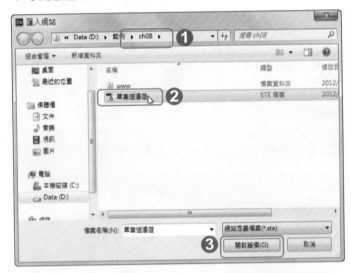

新增頁框組網頁

在新增頁框組網頁時，請先新開啟未命名的空白檔案，建議不要使用已命名且已儲存的檔案來製作。現在請依下列步驟操作：

Step 1 開啟未命名的新檔案，再點選【插入→HTML→頁框→上及左巢狀】指令。

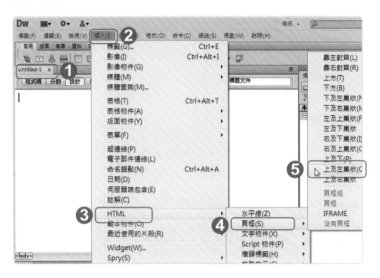

Step 2 按下【確定】。（採用預設值，以後有需要再修改。）

採用預設

Step 3　點選功能表上的【檔案→全部儲存】指令。

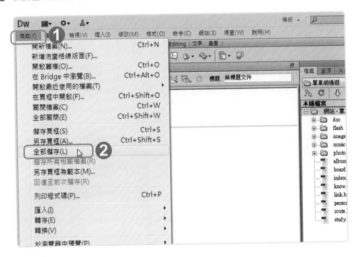

Step 4　點選【index.html】文件，再按下【存檔】，然後按下【是】，以覆蓋之前已建立的檔案。

虛線範圍涵蓋整份文件，這個檔案就是頁框組，也就是網站首頁（index.html）

Step 5 輸入【main.html】檔案名稱，然後按下【存檔】。

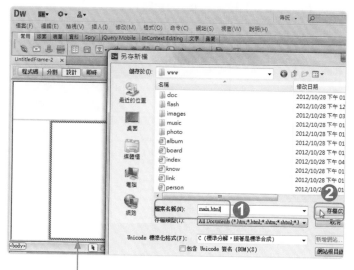

虛線範圍涵蓋右頁框，這個
檔案就是（main.html）

Step 6 點選功能表上的【視窗→頁框】指令。

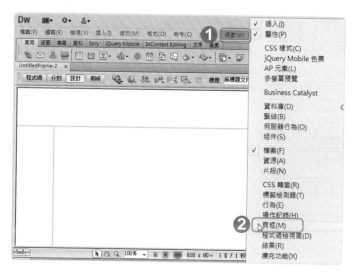

Step 7 游標置於上頁框內，點選功能表上的【檔案→儲存頁框】指令，然後輸入【top.html】檔案名稱，再按下【存檔】。

Step 8 游標置於左頁框內，點選功能表上的【檔案→儲存頁框】指令，然後輸入【left.html】檔案名稱，再按下【存檔】。

Step 9 游標置於上頁框內，按下【頁面屬性】。

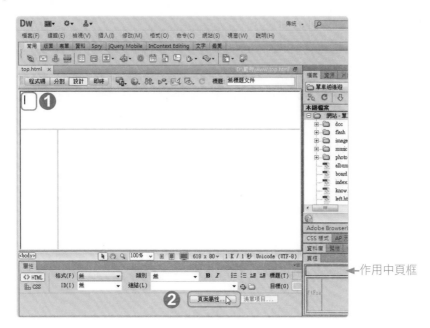

←作用中頁框

Step 10 按下背景顏色方塊，然後再點選一種色彩，再按下【確定】。（為說明頁框組概念，請先暫訂顏色喔！）

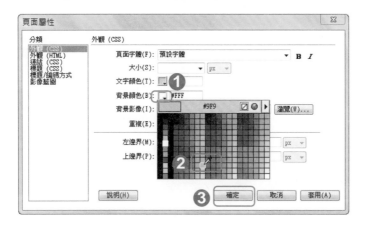

Step 11 用相同方法，設定【left.html】與【main.html】網頁文件的的背景色彩。

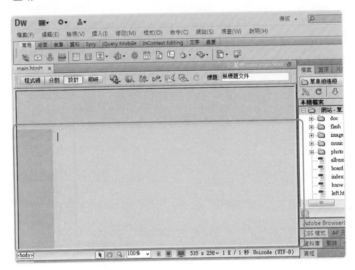

Step 12 按下 【在瀏覽器中預覽/除錯】鈕，再點選【預覽於IExplore】，接著按下【確定】。

完成後的網站首頁
（index.html）

9-2 建立互動式按鈕

在這一節中，將要指定頁框的高度與寬度，並測試網站按鈕的超連結設定。現在請先將「素材\ch09」資料夾內的【button】和【title】複製到網站的「images」資料夾內，然後依下列步驟操作：

設定頁框尺寸

Step 1 在「頁框」面板中點選最外圍大粗黑頁框，再點選【上方】頁框。然後在「屬性」面板中設定「列」欄位的值為【180像素】，以指定【topFrame】頁框的高度。

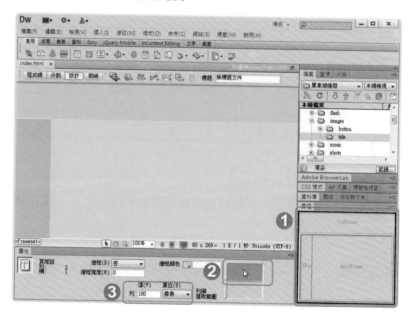

Step 2 在「頁框」面板中點選中間大粗黑框線,再點選【左方】頁框。然後在「屬性」面板中設定「列」欄位的值為【150像素】,以指定【leftFrame】頁框的寬度。設定完成後自行按下 🌐【在瀏覽器中預覽/除錯】鈕測試看看囉!

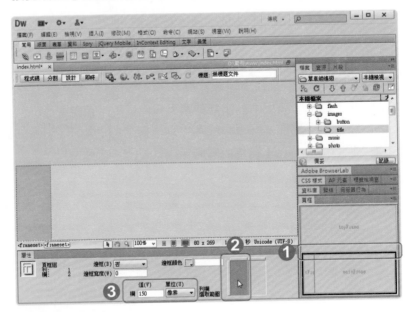

插入表格

在 leftFrame 頁框中,將利用無框線來排列按鈕圖片。現在請依下列步驟插入6列1欄的表格。

Step 1 快按二下【left.html】開啟左頁框文件,再點選功能表上的【插入→表格】指令。

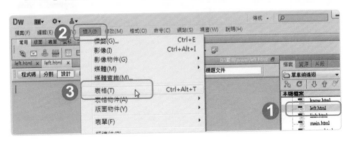

Step 2 指定【列：6，欄：1】、表格寬度【100%】與邊框粗細【0】像素，然後按下【確定】。

插入互動式按鈕

Step 1 游標置於第1列儲存格內，然後點選功能表上的【插入→影像物件→滑鼠變換影像】指令。

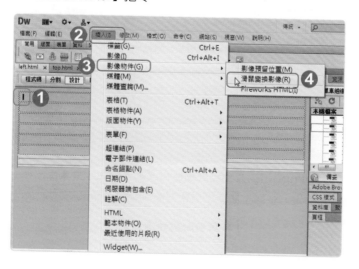

Step 2 按下【瀏覽】鈕，接著點選【系統檔案】及【button】資料夾，然後選取【home.png】，再按下【確定】。

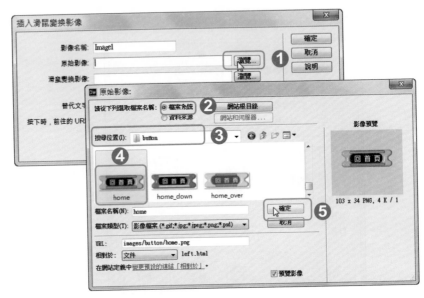

Step 3 用相同方法選取「滑鼠變換影像」的檔案，接著輸入【回首頁】的替代文字，再按下【確定】。

>> 小技巧

1. 利用PhotoImpact的元件設計師製作互動式按鈕，會產生三種狀態的圖片，任選二種類型圖片來製作互動式按鈕。

2. 【按下時，前往的URL】欄位暫時省略不指定。

Step 4 用相同方法插入其他按鈕圖片，然後儲存檔案，並測試預覽效果。

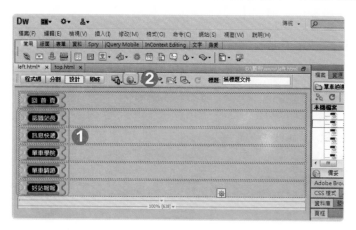

　　在本機預覽互動式按鈕時，在IE瀏覽器會出現警告訊息，請按下【允許被封鎖的內容】即可正常。當上傳至遠端主機時就不會出現此現象，因此不需理會它。但是按鈕外圍會出現藍色方框，接下來就來解決這個問題。

出現藍色方框

Step 5 在「首頁」按鈕上按下右鍵，然後再點選【編輯標籤】指令。接著在邊框欄位上輸入【0】，再按下【確定】。

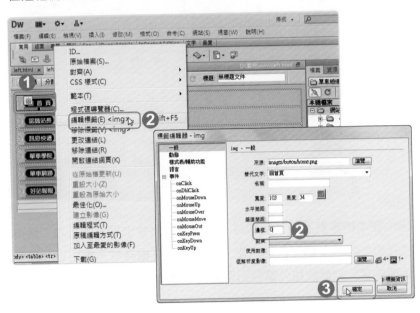

Step 6 用相同方法，修改其他按鈕的邊框設定值，接著儲存檔案並預覽效果。

已移除藍色方框

9-3 超連結的設定

在這一節中，將要設定左頁框內的按鈕，讓它能正確連結相關網頁文件並在右頁框內顯示文件內容。

輸入網頁文字

為了測試按鈕的超連結設定是否正確，請先在各網頁文件輸入簡單文字，例如，【person.html】網頁是要製作「認識站長」的網頁，就輸入【認識站長】的文字。

Step 1 快按二下【person.html】檔案，開啟網頁文件。

Step 2 輸入【認識站長】，再按下 ✕ 鈕關閉檔案，然後按下【是】。

表格置中對齊

Step 1 滑鼠移至表格上邊框線游標呈 ↓ 狀時，按下滑鼠左鍵選取表格欄。

Step 2 點選水平與垂直的對齊方式為【置中對齊】，然後按下 ☒ 鈕關閉檔案，再按下【是】。

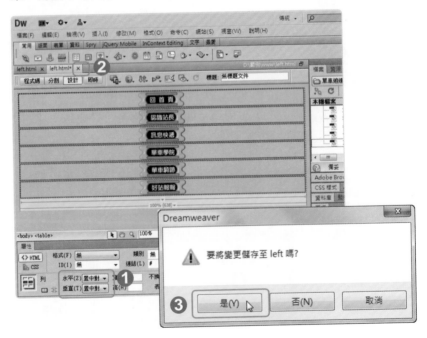

按鈕超連結設定

Step 1 點選【認識站長】按鈕圖片，再按下 📁【瀏覽檔案】鈕。

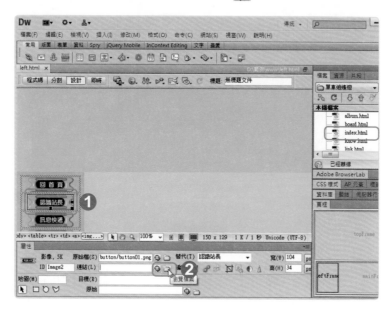

Step 2 點選【person.html】網頁，再按下【確定】。

Step 3 先點選【認識站長】按鈕，接著在【目標】欄位上按下▼鈕，再點選【mainFrame】目標頁框，然後瀏覽網頁內容。

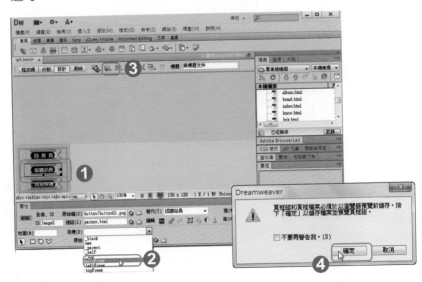

當你在瀏覽器上，按下【認識站長】按鈕，右頁框立即顯示網頁內容，代表你的設定是正確的。其他按鈕的設定，操作方法相同，留做課後練習喔！

>> 小提示

設定按鈕的目標頁框時，必須在頁框組視窗上操作，否則會找不到【mailFrame】目標頁框選項喔！

「回首頁」按鈕的目標頁框設定和其他按鈕不相同,當按下按鈕時,必須回到網站首頁,這樣才能隨時瀏覽首頁右頁框內的 main.html 文件。其設定如下:

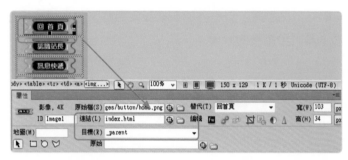

　　「回首頁」按鈕設定完成後,請依照下列步驟操作,測試看看囉!

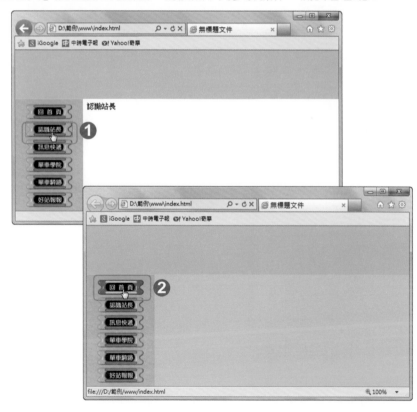

課後練習

1. 開啟你的網站，接著將左頁框內的按鈕設定目標文件與目標頁框，然後在瀏覽器上測試設定後的效果。

學習重點

❀ 插入Flash 動畫

❀ 嵌入YouTube 影片

❀ 插入背景音效

❀ 插入最後更新日期

10-1 插入 Flash 動畫

在這一節中，將要修改文件的頁面屬性，然後在 top.html 網頁文件中插入 flash 元件，做為網站的標題動畫。

編輯頁面屬性

Step 1 開啟頁框組文件並點選頁框面板上的最外框粗黑線，接著在「標題」文字框內輸入【單車逍遙遊】等標題文字，然後按下 鈕瀏覽網頁效果。

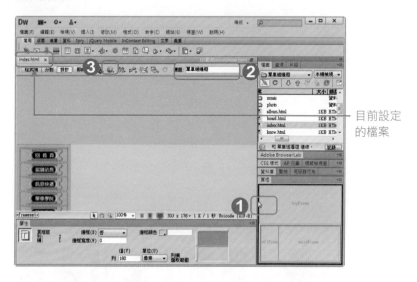

目前設定的檔案

Step 2 按下【確定】。

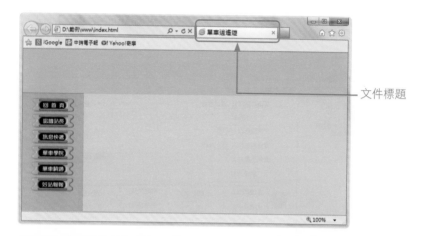

文件標題

>> 小提示

採用「頁框組」建構網站，通常只需修改首頁（index.html）的標題
文字。

Step 3 游標置於上頁框內，然後按下【頁面屬性】。

Step 4 將左邊界、右邊界、上邊界和下邊界都設定為【0】px，然後按下【確定】。

插入 flash 元件

Step 1 按下 🔊▾【媒體】鈕，再點選【SWF】，然後選取【title】flash 影片檔案，再按下【確定】。

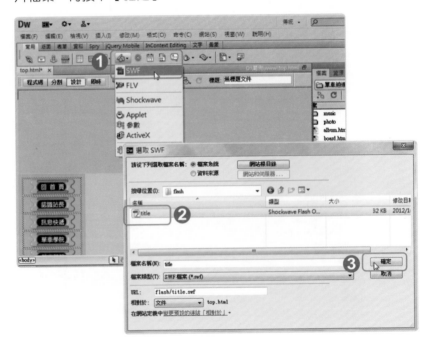

Step 2 輸入【title】等標題，然後按下【確定】。

Step 3 點選flash元件，然後在屬性面板中指定【高：100%，寬：100%】、垂直與水平距離皆為【0】、再點選【精確符合】的縮放方式，即可建立滿版的 flash 動畫。

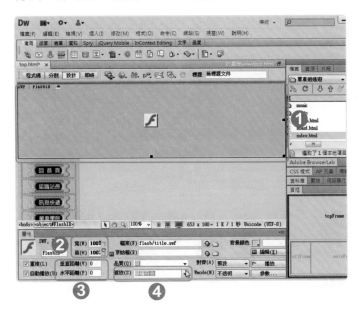

Step 4 按下 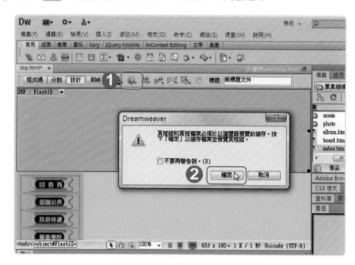 鈕瀏覽網頁效果，再按下【確定】。

Step 5 按下【確定】。

這就是滿版動畫，可隨視窗大小縮放。

10-2 插入音訊與視訊檔案

在這一節中，將要在「main.html」網頁中加入網站背景音樂，以及在「stuty.html」網頁中插入 Youtube 視訊影片，來體驗多媒體網頁的製作。

插入背景音樂

Step 1 開啟頁框組文件並將游標置於右頁框內，然後點選 🖼 ▾【媒體】鈕再選取【外掛程式】。

Step 2 選取【music】資料夾，再點選一個音樂檔案，然後按下【確定】。

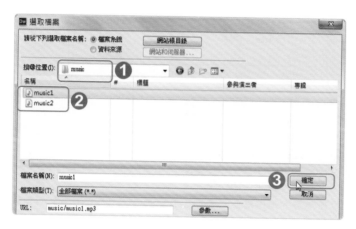

Step 3 點選 【外掛程式】的符號，然後按下【參數】。

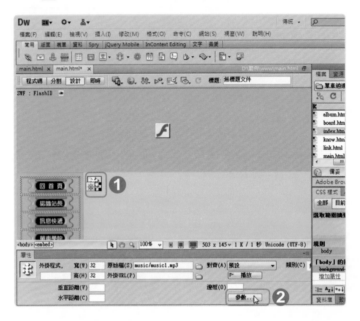

Step 4 在「參數」視窗中，增加【hidden】和【loop】參數，以隱藏播放
面板及設定重複播放。然後按下【確定】，即可完成背景音樂的設
定。

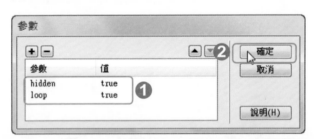

>> 小技巧

1.把背景音樂設定在「main.html」網頁，只有在瀏覽首頁時才會播
放。若是設定在「top.html」或「left.html」網頁，則音樂會不停
地重複播放。

2.插入的音樂若不是作為背景音樂，就不需加入【hidden】的參數。

嵌入 YouTube 影片

先把你的影片上傳至 YouTube 網站，然後再將影片嵌入至你的網頁，可以有效降低你的遠端網站的儲存空間及流量。現在請依下列步驟操作，將 YouTube 影片嵌入你的網頁。

Step 1 開啟要嵌入的 Youtube 影片，再按下【分享→嵌入】，接著滑鼠移至程式碼上並按下右鍵，然後選取【複製】指令，以複製程式碼。

Step 2 快按二下【study.html】網頁，然後刪除測試用文字，再按下【程式碼】標籤。

Step 3 在<body></body>程式之間貼上程式碼，然後再點選【設計】標籤。

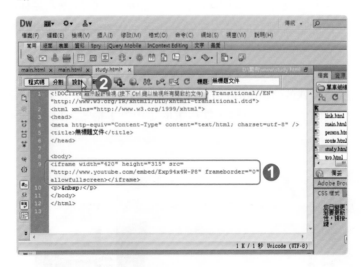

Step 4 按下 🔍 鈕瀏覽網頁效果，接著按下【是】儲存網頁檔案。

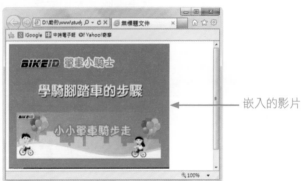

嵌入的影片

10-3 表格的應用

在這一節中，將要開啟「person.html」網頁，然後利用表格功能來編排資料，以建立認識站長的網頁文件。

設定文件背景

Step 1 快按兩下【person.html】文件，然後按下【頁面屬性】。

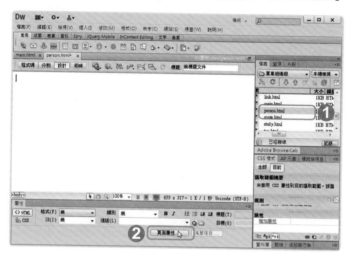

Step 2 按下【瀏覽】，然後指定背景影像的檔案，再按下【確定】。

用表格編排版面

Step 1 按下囲【表格】鈕，接著指定表格大小為【5×3】、邊框粗細為【2】，然後按下【確定】。

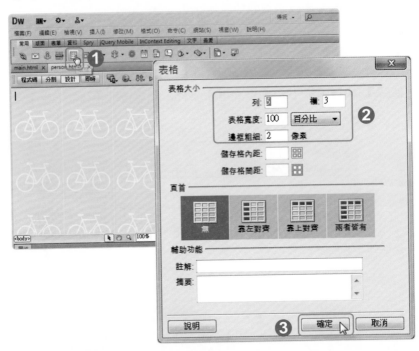

Step 2 拖曳邊框線調整欄寬。（表格的操作方法和 Word 文書處理軟體相似。）

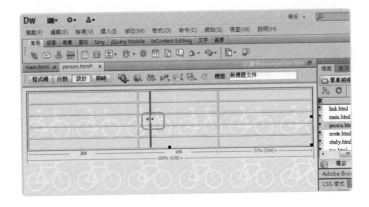

Step 3 選取第1欄的儲存格,然後按下□【合併選取的儲存格】鈕,以合併第1欄的儲存格。

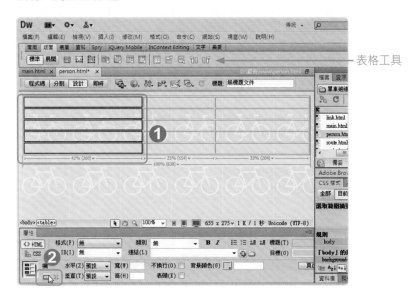

Step 4 先選取第2欄儲存格,然後按下背景顏色方塊,再點選一種色彩,以指定儲存格的色彩。

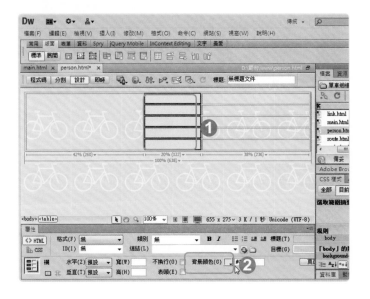

插入影像檔案

Step 1 游標置於第1欄儲存格內,點選【常用】標籤,然後按下 ⬛▾【影像】鈕再點選【影像】。

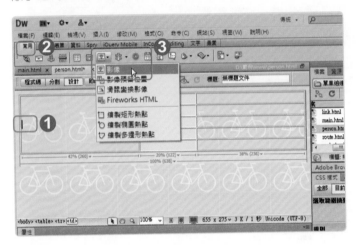

Step 2 點選【012】或其他影像檔案,然後按下【確定】。

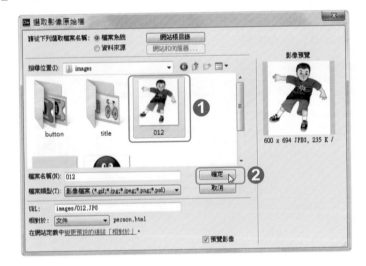

Step 3 輸入【站長相片】等替代文字，然後按下【確定】。

Step 4 先點選影像，再拖曳控點調整影像顯示的大小，或是直接指定影像的寬及高，來調整影像顯示的大小。

>> 小提示

在網頁工作區上直接拖曳控點調整影像的大小，並不會改變真實檔案的大小，因此利用 PhotoImpact 等影像處理軟體來調整影像大小是必要的工作喔！

插入最後更新日期

　　如果需要在網頁中插入最後更新的日期，以提供瀏覽者掌握網頁內容的新舊，你可以在網站首頁加入網站最後更新日期。在這個範例網站中，最適合加入日期的網頁是「main.html」。

Step 1　游標置於「main.html」網頁內，接著按下 CSS 鈕，然後再按下 【置中】鈕。

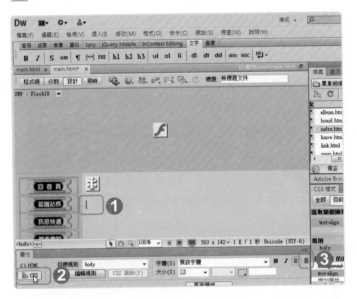

Step 2　輸入【最後更新日期：】等文字，然後再按下 【日期】鈕。

Step 3 點選一種日期格式,並勾選【儲存時自動更新】,然後按下【確定】。

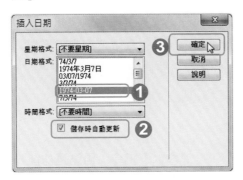

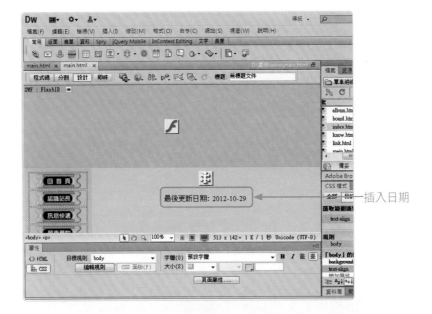

插入日期

>> 小技巧

如果你的網站內容有更新時,記得回到「mail.html」網頁,執行【儲存檔案】的動作,日期就會自動更新。

10-4 發佈網站

網站製作完成後，接下來就是將網站檔案上傳到遠端伺服器，然後利用瀏覽測試相關連結及網頁內容是否正確。現在就依下列步驟操作，將製作完成的網站發佈到遠端伺服器上，和大家分享你的作品囉！

上傳網站

Step 1 點選功能表上的【檔案→全部儲存】指令，再點選功能表上的【檔案→全部關閉】指令。

Step 2 按下 【展開以顯示本機和遠端網站】鈕。

Step 3 按下 【連線到遠端伺服器】鈕。

Step 4 點選【網站-單車逍遙遊】網站資料夾，然後按下 【上傳檔案】
鈕，再按下【確定】。

檔案上傳中

上傳完成

瀏覽線上網站內容

網站檔案上傳完成後，開啟瀏覽器，然後輸入你的網站網址，開始測試
網頁的超連結與內容是否能正常顯示。

碁峰資訊

●─ 國家圖書館出版品預行編目資料 ─

學會 PhotoImpact X3、Flash CS6、Dreamweaver CS6 /
　洪錦永著. -- 初版. -- 臺北市：碁峯資訊, 2013.01
　　　面；　公分
　　ISBN 978-986-276--660-6(平裝)
　　1.網頁設計　2.多媒體　3.數位影像處理　4.電腦動畫設計
5.Dreamweaver(電腦程式)
312.1695　　　　　　　　　　　　　　　　　101022855

書　　　名	學會 PhotoImpact X3、Flash CS6、Dreamweaver CS6
書　　　號	AEU013100
作　　　者	洪錦永
建 議 售 價	NT$380
發 行 人	廖文良
發 行 所	碁峯資訊股份有限公司
地　　　址	台北市南港區三重路 66 號 7 樓之 6
電　　　話	(02)2788-2408
傳　　　真	(02)8192-4433
法 律 顧 問	明貞法律事務所　胡坤佑律師
版　　　次	2013 年 01 月初版
	2018 年 01 月初版九刷